黑龙江挠力河国家级自然保护区湿地资源及生态功能评估

姜　明　王国栋　王志臣　等　著

U0197602

科学出版社

北　京

内 容 简 介

本书是作者根据对挠力河保护区的野外调查并参考有关资料撰写而成。书中介绍了挠力河保护区的概况、湿地类型及景观变化，以及挠力河保护区的湿地植物资源、湿地动物资源、湿地水资源与水环境。在此基础上对保护区湿地的生物多样性、水文调蓄及固碳等生态功能进行了评估，最后对保护区湿地资源保护与可持续利用提出了建议。

本书可供自然资源调查和生态环境保护各级政府部门，以及从事生物学、地理学、环境科学、生态学研究，特别是从事湿地科学研究与湿地资源保护的专业人员及各高等院校相关专业的师生参阅。

图书在版编目（CIP）数据

黑龙江挠力河国家级自然保护区湿地资源及生态功能评估/姜明等著. —北京：科学出版社，2021.10
ISBN 978-7-03-069957-2

Ⅰ. ①黑⋯　Ⅱ. ①姜⋯　Ⅲ. ①自然保护区–沼泽化地–环境生态评价–研究–黑龙江省　Ⅳ. ①P942.350.78

中国版本图书馆 CIP 数据核字（2021）第 196943 号

责任编辑：马　俊　白　雪　孙　青 / 责任校对：郑金红
责任印制：吴兆东 / 封面设计：无极书装

科 学 出 版 社 出版
北京东黄城根北街 16 号
邮政编码：100717
http://www.sciencep.com

北京建宏印刷有限公司 印刷
科学出版社发行　　各地新华书店经销

*

2021 年 10 月第 一 版　　开本：787×1092 1/16
2022 年 1 月第二次印刷　　印张：11 1/2
字数：296 000
定价：180.00 元
(如有印装质量问题，我社负责调换)

《黑龙江挠力河国家级自然保护区湿地资源及生态功能评估》
组 委 会

主　　任：郭宝松

副 主 任：王金武　姜　明

成　　员：王国栋　李晓民　薛振山　章光新　齐　鹏

　　　　　宋晓林　王晓东　于洪贤　王　铭　盛守宏

　　　　　刘永明　孔祥武

著者委员会

主要著者：姜　明　王国栋　王志臣

其他著者（按姓氏笔画排序）：

　　　　　丁　成　于洪贤　马　欢　王　啸　王　铭

　　　　　王广鑫　王振中　王晓东　付苑超　刘英杰

　　　　　齐　鹏　孙建胜　李晓民　杨金明　宋晓林

　　　　　金洪阳　姚允龙　崔兴波　章光新　梁东升

　　　　　薛振山　魏振宏

前　言

　　湿地广泛分布于世界各地，是地球上最富生物多样性的生态景观和人类最重要的生存环境之一。在《世界自然保护大纲》中，湿地与森林、海洋一起并称为全球三大生态系统类型。由于湿地具有提供水源地、调蓄洪水、污染物降解、营养物转化等滤过功能，因而湿地被称为"地球之肾"。由于湿地具有的巨大食物链及其所支撑的丰富的生物多样性，为众多的野生动植物提供独特的生境，具有丰富的遗传物质，湿地被称为"生物超市"。湿地位于水陆过渡地带，水土气生界面的物质循环复杂，土壤环境的氧化还原交替过程频繁，造成独特的生物地球循环过程；可以固定及排放温室气体，是二氧化碳的"汇"和全球尺度上的气候"稳定器"，因此具有重要的物质"源"、"汇"及"转换器"的功能，在全球环境变化研究中有重要意义。湿地还为人类提供大量的粮食、肉类、药材、能源以及多种工业原料。因此，湿地是可为全球提供可观的社会、经济和生态环境效益的极为重要的生态系统。

　　目前我国湿地面积 8.04 亿亩①，居亚洲第一、世界第四，共有国际重要湿地 57 个、湿地自然保护区 602 个、国家湿地公园 898 个，湿地生态系统中有湿地植物 4220 种、动物 2312 种，湿地保护率达到 49.03%。

　　三江平原是黑龙江、松花江和乌苏里江汇流冲积形成的低平原，曾是我国最大的内陆淡水沼泽湿地集中分布区。黑龙江省挠力河国家级自然保护区位于三江平原腹地，地跨宝清县、富锦市、饶河县两县一市。保护区内分布有大面积天然湿地，类型多样，物种丰富，是三江平原原始沼泽湿地生态系统的缩影，在全球同一生物带中，具有物种多样性和生态系统保护的典型代表意义，属内陆湿地与水域生态系统类型，是丹顶鹤、白枕鹤等鹤类和其他繁殖水鸟重要的繁殖栖息地及迁徙水鸟的重要停歇地。

　　近 50 年来，由于人类大规模的开发利用，导致三江平原湿地面积锐减。1954～2015年，仅挠力河流域沼泽湿地共计减少 43 090hm²。湿地面积的锐减同时伴随着湿地资源的丧失及生态功能的严重退化。因此，加强对湿地资源现状及变化信息的掌握是开展湿地保护的重要依据，也是人类对湿地资源合理开发利用的重要前提。

　　本书是在承担科技部国家科技基础性工作专项"中国沼泽湿地资源及其主要生态环境效益综合调查"及挠力河保护区管理局委托项目"黑龙江挠力河国家级自然保护区湿地动植物资源、水资源与水环境本底调查"，经过大量野外调查及调研的基础上撰写而成。

　　本书共分七章。第一章与第二章主要介绍黑龙江挠力河国家级自然保护区概况及保

---

① 1 亩≈667m²

护区湿地类型及景观变化，同时从流域角度介绍了挠力河流域的土地利用变化；第三章至第五章分别介绍挠力河保护区湿地植物资源、湿地动物资源、湿地水资源与水环境，其中水资源考虑到流域的完整性及水文观测站分布特点，因此是从挠力河整体流域角度来进行阐述。第六章介绍了保护区湿地的生物多样性、水文调蓄及固碳等生态功能，第七章为保护区湿地资源保护与可持续利用提出了相关建议。

　　本书作者都是长期从事湿地资源调查和保护的一线工作者。撰写分工如下。第一章：姜明、丁成、杨金明、王振中、王志臣；第二章：姜明、薛振山、宋晓林、姚允龙、王志臣；第三章：王国栋、薛振山、王铭、王广鑫；第四章：于洪贤、李晓民、王啸、崔兴波；第五章：章光新、齐鹏、王晓东、马欢；第六章：王晓东、姜明、王国栋、梁东升、魏振宏、付苑超；第七章：姜明、齐鹏、王晓东、刘英杰、金洪阳、孙建胜。全书由王国栋统稿。

著　者

2021 年 3 月

目　　录

第一章 黑龙江挠力河国家级自然保护区概况

第一节 地 理 位 置

黑龙江挠力河国家级自然保护区位于我国东北部边陲，黑龙江省宝清县、富锦市、饶河县两县一市行政辖区内的农垦红兴隆、建三江管理局。地理位置为北纬46°30′22″～47°24′32″，东经 132°22′29″～134°13′45″，保护区面积为 160 601hm²，核心区面积37 047hm²，占保护区总面积的 23.07%，缓冲区面积 53 128hm²，占保护区总面积的33.08%，实验区面积70 426hm²，占保护区总面积的43.85%（图1-1）。保护区从西到东直线距离是146.56km，挠力河保护区内河道总长度为419.96km。

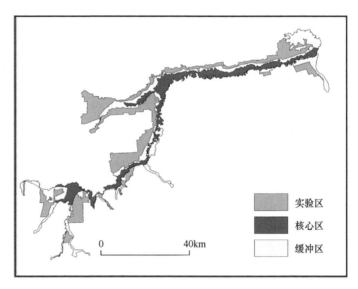

图 1-1 挠力河保护区功能区划图

按照我国自然保护区类型划分标准，黑龙江挠力河国家级自然保护区（以下简称挠力河保护区）属于"自然生态系统类"中的"内陆湿地与水域生态系统类型"，主要保护对象为水生和陆栖生物及其生境共同形成的湿地和水域生态系统。

第二节 自然地理状况

一、地质地貌状况

挠力河保护区位于乌苏里江的一级支流挠力河流域，流域内总地势呈现西—西南—东南高，北—东北低。挠力河顺应地势自西南流向东北。地貌类型由山地和平原两大部分组成。山地地貌主要是指完达山脉，大地构造单元属新华夏系构造锡霍特—那丹哈达岭隆起带，是在中生地槽发展起来的断裂、褶皱山地。喜马拉雅运动造成大规模的拗折、断块和大量岩浆喷发，第三纪末又有大面积的隆起和翘起，伴随断裂和火山活动。后期又几经外力剥蚀、冲蚀作用，表现出山峦起伏的地貌形态。因而在山地地貌中又分为侵蚀剥蚀中山、侵蚀剥蚀低山、侵蚀剥蚀丘陵和熔岩台地。

平原地貌主要是指内外七星河和挠力河中游地区。本保护区在大地构造上属于新华夏系第二隆起带和沉降带的一部分，自中生代以来，主要受新华夏构造体系所控制，成为大片冲积平原，中生代以来一直为相对下降区。前第三纪时，挠力河流域东西向断裂再次复活，使其北部地区陷落为三江平原。更新世晚期，乌苏里江流域与挠力河流域及其以北地区，裂成一片下陷区。主要地貌类型有台地、阶地、高河漫滩、低河漫滩、古河道漫滩洼地、洪积冲积平原。

挠力河保护区的湿地广泛发育与挠力河流域缓慢下降的新构造运动关系密切。流域新构造运动大致可分为三种情况。首先是从整体而言，地壳由西南向东北倾斜延伸运动。从区内至乌苏里江、挠力河、小佳河、七里沁河下游和小清河等河道多偏靠东岸或东南岸，西部的大挠力河逐渐衰退，而现在的挠力河（即小挠力河）发育，水量变大，以及东大沟河在大和镇北一段河道废弃而转向北流，这些都足以说明其由西南向东北倾斜运动。其次是山区不断隆起。山区沟谷发育，切割较深，其中有的河谷达 60m 深，由此说明山区曾一度上升。最后一种情况就是在流域中游、下游平原区，第四纪以来，总的趋势以沉降为主，挠力河等漫滩型河曲极为发育，河漫滩广泛分布，河道水流滞缓等结果形成了现在大面积的沼泽湿地。

新构造运动影响挠力河流域湿地形成具体表现在两个方面。其一在于新构造运动产生的断裂或节理是薄弱之处，抗地貌外营力风化剥蚀作用的能力差，容易演变为洼地，利于地表水分汇聚，为沼泽发育提供有利的地貌、水文条件。其二新构造运动升降的幅度、速度、频率、升降的特征、形式等影响沼泽的形成。当新构造运动缓慢下降时，或保持相对稳定时，地面侵蚀减弱，堆积作用加强，特别是在地面十分平坦或低洼地段，排水不畅，有利于地表形成过湿或薄层积水，造成沼泽形成的环境。

二、气 候 状 况

挠力河保护区所在区域属温带半湿润大陆性季风气候区。冬季在极地大陆气团控制下盛行西北风，气候严寒干燥；夏季受太平洋副热带气团影响，盛行偏南风，高温多雨，具有明显的大陆性季风气候特征。年平均气温 2～3℃，最低达零下 41℃，最高达 38℃，年降雨量 500～600mm，6～8 月降雨量占全年的 60%～70%。无霜期为 120～135 天，全年日照总时数 2300～2600h。积雪深度最大可达 30～50cm，连续积雪期为 10 月下旬至翌年 4 月中旬，大约 180 天。结冰期长达 150～180 天，冻土深度平均在 100cm，最大冻土深度可达 260cm。从总体上看，气候特点适宜水稻、大麦、玉米及各类瓜果蔬菜等生长，农作物种植为一年一熟。

三、水 文 特 征

挠力河是保护区范围内的主要河流,为乌苏里江的一级支流,发源于完达山脉勃利县境内的七里嘎山,自西南流向东北,在宝清镇北 15km 的国营渔亮子处,分为大小挠力河两段水流,行 50km 至板庙亮子汇合,形成一个橄榄形的"夹心岛",在饶河县东安镇入乌苏里江,全长 596km,其中宝清镇以上为上游,长 183km,宝清至菜嘴子为中游,长 283km,菜嘴子以下为下游,长 130km。

挠力河干流在宝清镇以上为山区性河流,地面比降为 1/200～1/800,河道弯曲系数为 1.7。宝清镇以下进入平原区,成为典型的沼泽性河流,地面坡降变缓,坡降为 1/1600～1/12 000。由菜嘴子开始滩地比降又逐级变陡,菜嘴子至河口平均坡降为 1/8000,弯曲系数为 2～3。河道弯曲严重。河道呈微复式断面,上游宽 50m,最大水深 2.5m,下游宽 100m,最大水深 3～5m。

保护区内的主要河流还有七星河、蛤蟆通河、宝清河、小清河、七里沁河、王玉书河、乌拉草河、阿加拉河、喜春河、大兴沟、乌苏里江、阿布胶河等,湖泊包括对面街泡子、落马湖、镜面湖、五星湖、季焕章泡子、无名湖等,是构成挠力河湿地的主要水源。

挠力河保护区范围内的地下水类型及特征因不同的地质地貌条件而异。平原周围的山区主要为古生界至中生界基岩裂隙水;广阔平原区的第四系更新统、全新统含水层中赋存着丰富的孔隙水,在第四系含水岩组之下,也有第三系基岩裂隙水隐存。完达山以北(挠力河流域位于完达山以北)的平原为第四系更新统、全新统含水组。边缘含水层浅薄,中部含水层逐渐深厚并略有起伏,具有储水盆地的构造特征。平原边缘含水层厚度多为 10～20m,过渡带为 50～150m,中部瓦其卡一带达 230～270m。由于基底起伏不平,中部局部地段的含水层也有较薄之处。

沼泽湿地主要接受天然降水和流域面上的来水和凝结水。挠力河河间地区上覆黏土、亚黏土,厚度一般为 7～10m,黏土、亚黏土层连续稳定而无间断,质地黏重,隔水性好,透水系数一般为 0.0013～0.635cm/d,透水性极差,导致地表积水难以下渗,形成大面积沼泽湿地。但由于黏土层阻隔了地表水和地下水的水力联系,使深层微承压水难以补给沼泽。虽然亚黏土的毛管上升高度可达 3.5～6.5m,但其量甚微,对沼泽几乎没有补给,进而导致下层地下水很难参与沼泽湿地的水分循环。

四、土 壤 类 型

挠力河保护区的土壤类型主要受水文地貌条件控制,主要有沼泽土、草甸土、白浆土、棕壤、黑土等类型。平原地区地势平坦,夏季雨水集中,春秋降水较少,造成长期或周期性淹水的水文特征,土壤的氧化与还原过程交替,形成了湿地土壤特有的潜育化、潜育化及草甸化过程,发育有草甸土、沼泽土、泥炭土及白浆土。山地一般为棕壤类型土壤,岗地分布着白浆土和黑土类型土壤(表 1-1)。

通过比较挠力河流域不同湿地土壤的理化特征可以看出,沼泽土的有机碳含量可高达 800g/kg 以上（表 1-2），远远大于草甸土和白浆土，这就表明挠力河湿地有大量的有机碳存储在土壤中，具有明显的碳汇功能。

表 1-1　挠力河流域湿地土壤类型及形成特征

土类	亚类	土壤形成特征
沼泽土	淤泥沼泽土 腐殖质沼泽土 草甸沼泽土 泥炭沼泽土	主要分布在河流两岸的漫滩上，地表常年或长时间积水，土壤剖面表层为草根层或泥炭层，下部为腐殖质层及潜育层，是挠力河保护区分布最广泛的湿地土壤
草甸土	草甸土 石灰性草甸土 白浆化草甸土	分布在挠力河低平阶地，雨季过湿或洪水期淹水，受地下水影响，土壤剖面表层有机质层深厚，并有潜育层分布
白浆土	白浆土 草甸白浆土 潜育白浆土	分布在高平地或漫岗地，黏重的白浆层造成上层滞水，形成土壤的还原环境，发育草甸或潜育白浆土

表 1-2　挠力河流域土壤化学特征比较　　　　　　（单位：g/kg）

土壤类型	采样深度/cm	有机质	pH（H_2O）	全 N	全 P	全 K	CaO	MgO	Fe_2O_3
沼泽土	0～10	711.3	7.0	18.5	3.0	—	11.6	11.8	36.5
	35～45	857.8	7.1	16.7	2.9	—	15.5	9.8	18.5
	45～55	601.4	5.9	3.8	1.4	—	14.6	9.0	31.6
	65～75	130.2	5.9	2.7	1.1	—	14.7	15.1	45.0
	90～100	100.8	6.0	0.6	3.3	—	13.2	23.5	71.3
草甸土	0～15	199.5	6.2	10.3	2.7	13.9	18.4	22.6	45.4
	15～30	175.4	6.1	8.6	2.1	20.1	17.8	19.3	49.9
	30～45	131.5	6.8	3.5	1.9	21.6	11.9	25.2	112.6
	45～60	101.7	7.0	2.7	1.8	20.9	12.4	26.2	67.8
	60～80	70.1	7.1	1.3	2.0	20.9	16.4	25.3	66.9
白浆土	0～11	40.5	5.9	21	18.6	24.8	—	—	—
	11～28	10.5	6.1	4	7.6	25.8	—	—	—
	28～51	10.0	5.9	5	11.0	26.5	—	—	—
	51～123	9.0	6.1	6	10.0	25.8	—	—	—

资料来源：张养贞，1988；黑龙江省土地管理局，1992。
注：—表示无数据。

湿地土壤对湿地环境变化具有记忆功能。陆地生态系统和水生态系统的变化、作用方式的改变，都会在湿地土壤物质组成及剖面中留下烙印，可以记录丰富的环境变化和人类活动的信息，是环境变化的敏感区和信息库（姜明等，2006）。挠力河保护区不同湿地土壤类型的土壤剖面表现出不同的形态特征，也间接反映了湿地土壤所处的自然地理条件及土壤发育过程（姜明，2007）。具体如表 1-3 所示。

表 1-3　挠力河流域沼泽土壤剖面特征

土壤类型	剖面深度/cm	自然地理特征	土壤剖面特征
淤泥沼泽土	0～20（O）	挠力河河道附近，地表积水 20cm，植被为茭白、漂筏薹草，土壤为淤泥沼泽土，水分补给类型以河流泛滥、地表径流和大气降水补给为主	颜色为黑色，湿，大量根、枯落物分布，发育程度低
	20～30（A）		黑，湿，大量根分布，孔隙度大，质地为粉砂壤土，发育程度好
	30～50（AG）		青灰色，湿，黏糊状，少量细根分布，质地黏重，发育程度中，结持性坚实，可塑性强，土体中偶见红色锈斑，量少
	50～100（G）		灰色，湿，黏糊状，质地黏重，发育程度中，结持性坚实，可塑性强，少量锈斑分布，孔隙度小
	100～（C）		灰色，湿，黏糊状，质地黏重，黏粒，孔隙度小，较多锈斑、斑纹分布于结构体内，少量根分布
腐殖质沼泽土	0～20（O）	挠力河低漫滩，地表季节性积水，主要植被类型为毛薹草、乌拉草群落。水分补给类型以河流泛滥、地表径流和大气降水补给为主	纤维状物质聚积层，大量细根，黑棕色，壤质，无明显结构，有弹性
	20～40（A）		暗黑，有机质腐殖化程度高，松软无明显结构
	40～65（E）		棕灰色，较少量的斑纹，黏质，较多根孔和小孔隙以及孔隙斑纹，块状结构
	65～85（B）		棕灰色，夹有大量（50%左右）亮棕色锈纹锈斑和凝团，黏质、蠕状结构
	85～100（BC）		灰色，均一，无锈纹锈斑，坚硬（冻结），黏质
	100～（C）		灰色，夹 10%左右亮棕色锈斑黏质，核块状，冻结坚硬
草甸土	0～10（O）	地表无积水，土壤常过湿和，主要植被类型为小叶章群落，土壤为草甸沼泽土，水分补给类型以地下水、地表径流及大气降水为主	有机质层，大量根系
	10～30（A）		灰色，无明显结构
	30～40（E）		弱块状结构，开始出现少量浅黄色结构面锈斑
	40～70（B）		弱粒状结构，较上下层出现较多锈纹锈斑
	70～100（BC）		灰色，松散假粒状结构，间有少量锈纹锈斑，与基质对比不明显
	100～120（C）		灰色，弱结持块状至分散粒状结构，有淡黄色浸染状锈纹锈斑
白浆土	0～20（A）	主要植被为白桦和柞树，排水良好，无积水，水源补给为天然降水	暗棕色，表层有 2cm 枯枝落叶，松软，小团粒结构
	20～40（A1）		棕黑色，小团粒结构，腐殖质含量高，多根系，黏壤质
	40～60（E）		灰白色，层片状结构，紧实，边界明显，根少，较多铁锰结核
	60～120（B）		棕褐色，小棱块状结构，紧实，结构面有胶膜，较少铁锰结核，黏壤质
	120～（C）		棕色，无结构，紧实

五、生物资源

挠力河保护区野生动物、植物资源丰富，尤以湿地动物、植物更为丰富。据野外调查和查阅相关资料，保护区记录脊椎动物 6 纲 40 目 97 科 398 种。濒危种类较多，数量大。尤其是候鸟中夏候鸟、旅鸟繁衍数量大，为世界之最。国家珍稀濒危鸟类主要有白鹳、黑鹳、丹顶鹤、白枕鹤、灰鹤、大天鹅、白额雁、白尾海雕、鸳鸯；国家重点保护兽类有猞猁、水獭、雪兔、麝鼠，此外还有梅花鹿、貂等。由于流域水资源丰富，还盛产多种鱼类，如挠力河特产红肚鲫鱼、黑鱼、细鳞鲢子、泥鳅和花鳅等。

挠力河流域植物区系组成隶属长白植物区系，植被组成属温带针阔叶混交林区。据野外调查和查阅相关资料，区内生长发育着低等和高等植物 300 余种。山地分布有蒙古栎、糠椴、黄菠萝、山杨等；珍贵树种有水曲柳、胡桃楸。分布于缓坡地的有大榛、胡枝子等灌木，在平坦地带和挠力河两岸，多为湿地植被。本次调查中，挠力河保护区共有湿地野生维管植物 56 科 223 种。湿地植物中代表植物有毛薹草、沼柳、乌拉草、毛水苏、水葱、狭叶甜茅、漂筏薹草、芦苇、小叶章等,水生植物有浮萍、东北菱、睡莲、貉藻、浮叶慈姑等。国家一级保护植物为貉藻;二级保护植物为浮叶慈姑、乌苏里狐尾藻、野大豆等。经济价值较大的植物有多种,如小叶章、芦苇、毛薹草、狭叶甜茅等。

第三节 社会经济概况

一、行政区划与人口

保护区行政范围涉及黑龙江省富锦市、宝清县、饶河县两县一市行政辖区内的农垦红兴隆、建三江管理局,西至七星河自然保护区、五九七农场 3 分场;东到国界河乌苏里江;北接农垦建三江管理局的大兴、七星、创业、红卫、胜利和八五九农场;南临农垦红兴隆管理局的五九七、八五二、八五三、红旗岭和饶河 5 个农场。自然保护区范围内现有常住居民 701 户,人口 3720 人左右。

挠力河保护区周边的红兴隆管理局与建三江管理局社会经济情况如下所述(黑龙江省农垦总局史志办公室,2018)。

1. 红兴隆管理局

管理局管辖友谊、五九七、八五二、八五三、饶河、二九一、双鸭山、江川、曙光、北兴、红旗岭、宝山农场 12 个农场,与佳木斯、双鸭山、七台河、富锦、桦川、桦南、饶河、宝清、友谊、集贤、勃利等市县土地穿插交错,与虎林、依兰接壤,与汤原、萝北、绥滨一江之隔。境内有大小河流 30 余条,主要有松花江、乌苏里江、挠力河、七星河、蛤蟆通河、七里沁河、倭肯河等。松花江境内流程 48.2km。乌苏里江为中国与俄罗斯界河,流经饶河农场 37km。挠力河流经北兴、五九七、八五二、八五三、红旗岭、饶河农场,境内流程 190km,其中五九七农场长林岛湿地、八五三农场雁窝岛湿地、红旗岭农场五星湖湿地,都是挠力河保护区范围,目前是中外游客的旅游胜地。

管理局有 75 个管理区、133 个农牧渔业单位,总户数 13.63 万户,总人口 33.67 万人,各类从业人员 15.9 万人。实现生产总值(GDP)211.7 亿元,同比增长 6.8%。人均国内生产总值 62 195 元,同比增长 3%。三次产业比重 52.1∶19∶28.9。累计完成固定资产投资 11.1 亿元。居民人均可支配收入 26 242 元,同比增长 6.7%。

2. 建三江管理局

建三江管理局地处位居世界三大黑土地带的三江平原腹地,扼黑龙江、松花江和乌苏里江汇流的要冲,地域范围介于北纬 46°49′47″~48°12′58″,东经 132°31′38″~134°33′06″。辖区总面积 123.47 万 hm²,其中,耕地面积 76.08 万 hm²,林地面积 17.67 万 hm²,牧草地面积 2.41 万 hm²,可垦荒地面积 3.9 万 hm²,水域面积 4.82 万 hm²。拥有 15 个大中型国有农场,144 个管理区,是区域完整,生产经营和社会生活体系比较完善,适宜发展机械化、现代农业和农工商贸综合经营的新型垦区。建三江垦区瑰丽富庶，土壤肥沃，水草丰茂，三江环绕，七河贯通，交通便利，具有发展农、林、牧、副、渔、工贸、加工业及边境旅游业的优越条件，全局地势西南高，东北低，除少数山丘外，大部分是平原沼泽地带，北部和东南部拥有部分山地，呈东北至西南走向，海拔为 100～626 m。地形坡降较为平缓，一般为 1/5 000～1/12 000。地形变化复杂，碟形、线形洼地星罗棋布，泡沼遍布。河流均属黑龙江水系，多为平原沼泽性河流。主要河流有挠力河、别拉洪河、外七星河、浓江河、鸭绿河、青龙河、莲花河等，流域总面积为 1.13 万 km²。水质无污染，地下水也极为丰富，总储量达 6000 亿 m³。水位较高，宜发展灌溉、养殖和工贸加工业。国境界江长度达 230km，隔黑龙江、乌苏里江与俄罗斯相望，拥有黑龙江勤得利、乌苏里江东安两座码头；毗邻富锦、同江、抚远及饶河 4 个大型口岸，具备明显的地缘区位优势。境内山地属完达山余脉，树高林密，自然资源比较丰富。主要树种有杨树、柞树、桦树，或有少量榆树、椴树等硬杂木树种，多分布在山顶部和北坡，南坡栽有少量的松树。山林中有黑熊、野猪、野狸、野兔和狍子等野生动物，生长有猴头和木耳等菌类植物，还有桔梗、黄芪、刺五加和五味子等中草药，其开发利用前景广阔。

境内拥有挠力河国家级自然保护区、洪河国家级自然保护区、勤得利省级鲟鳇鱼自然保护区及乌苏里江省级自然保护区 4 个湿地保护区，保护区域总面积 23.42 万 hm²，是建三江垦区总面积的 18.96%。

建三江地区拥有多种矿产资源，主要是铜、锰、铬、煤、花岗岩、石英砂、高岭土、草炭等。草炭储量达 1.1 亿 t，居全省首位，国内第二位，是改善土壤和轻工原料的良好资源。

截至 2017 年末，全局家庭户数达 9.83 万户，同比增长 3.7%。全局生育情况明显好转，人口自然增长率 2.6‰。全局常住人口数量 26.28 万人，同比增长 3.4%，其中农场常住人口数量 23.8 万人，同比增长 1.4%。全局从业人员达到 11.31 万人，同比减少 0.3%，其中在岗职工 4.7 万人，同比增长 0.4%。2017 年，全局实现国内生产总值 236.2 亿元，比上年增加 8.2 亿元，可比价增长 7.1%。其中，农业增加值 150.2 亿元，同比增长 5.9%；工业增加值 17.2 亿元，同比增长 0.9%；建筑业增加值 13.1 亿元，同比增长 8.9%；交通运输业总产值 7.5 亿元，同比增长 10.3%；商业饮食服务业总产值 16.6 亿元，同比增长 11.4%。

二、农业生产

保护区范围内无工业产业，以农业种植为主。农作物以玉米、水稻为主，主要分布在实验区和部分缓冲区。耕地开垦改变了湿地的属性，同时耕作、施肥等行为会对保护区内的湿地土壤、水环境造成污染。为了防止农业耕作对保护区缓冲区和核心区湿地生态系统及野生动植物的影响，保护区管理局目前严格控制毁湿造田的现象，并已经在国家湿地保护资金的支持下，启动退耕还湿工作，未来逐步将核心区乃至缓冲区耕地全部退出。

三、工矿企业与交通运输

挠力河保护区范围所在行政区矿藏资源丰富。其中双鸭山是省内主要产煤基地之一，双鸭山还蕴藏有品位较高、储量丰富的铁矿。保护区的泥炭储量较丰富，大部分分布在河漫滩及废河道地区，泥炭厚度为 0.3～1.5m，泥炭质量较好，多属裸露泥炭。

行政区范围内也分布大面积的林地，包括以原生植物为基础的天然林和人工林、防风林和苗圃。还盛产人参、貂皮、鹿茸、木耳、蜂蜜和中草药等林副产品。

保护区内交通以公路为主。其中高速公路分为三条干线：经佳木斯到同江的哈同高速，建三江管理局到虎林的建虎高速，建三江管理局到黑瞎子岛的建黑高速。另有四通八达的省级公路，交通运输十分便捷，主要道路为水泥路或沥青路，路况较好。福抚铁路是连接黑龙江省佳木斯市和我国最东的抚远市的重要铁路干线，起自佳富线福利屯站，止于抚远站，全长 395km，由福前铁路和前抚铁路组成。2012 年底全线建成通车，途经保护区内的红兴隆及建三江管理局的相关农场。

四、水利工程建设

挠力河流域 20 世纪 50 年代后期开始兴建水利工程，60 年代以后才逐步兴建一些较大规模的抗旱除涝及农田灌溉工程。据不完全统计，挠力河地区地下水供水工程共有生产井 23 263 眼，配套机电井 22 414 眼，其中浅层配套机电井 22 466 眼，深层配套机电井 797 眼。挠力河地区万亩以上灌区 21 处，其中：大型灌区 3 处，中型灌区 18 处；涝区改造 23 处，其中：大型涝区 11 处，中型涝区 12 处。大中型灌区引提水工程共 4 处，小型灌区引提水工程比较多，目前尚没有准确的统计数字。龙头桥附近超过 100hm^2 的灌区已有 5 处；龙头桥—宝清区间有头道岗灌区和方盛灌区，宝清—炮台亮子区间有万北灌区、前进灌区和幸福灌区。5 个灌区的总灌溉面积为 1540hm^2，年用水量 1848 万 m^3，灌溉渠道总长为 56.1km，目前水田占 50% 以上（表 1-4）。

表 1-4 挠力河流域 5 个灌区现状

灌区名称	灌溉面积/hm^2	用水量/×10^{4}m^3	灌区长度/km
头道岗	300	360	6.5
方盛	100	120	13.5
万北	800	960	8.3
前进	220	264	6.3
幸福	120	144	21.5
合计	1540	1848	56.1

挠力河流域下游低平，加上乌苏里江顶托，排水不畅，秋季往往形成农田积水成涝。20 世纪 70～90 年代，相关部门修建了大量的排水系统。排水沟渠纵横交错，从宝清县至大小挠力河交汇处，在面积近 1215km^2 的区域，有 22 条排水干渠，总长达 186km。同时在外七星河上游修建了黑鱼泡滞洪区，开挖了新外七星河、富锦支河等水利工程，在内七星河上修建了三环泡滞洪区围堤，封闭了流向外七星河的漫溢口，三环泡滞洪区

控制面积为 3586km²。为防止洪水漫溢淹没农田，挠力河干流及各支流均修筑了防洪堤，截至 2012 年，挠力河地区主要堤防达到 1404.2km。星罗棋布的排水沟渠及防洪堤在挠力河流域分布广泛，曾为挠力河流域的农业开发作出了重要贡献，时至今日，堤防在洪水期仍然保护着一方百姓；但也改变着流域的水文格局，导致湿地景观破碎化，湿地面积丧失，生态功能下降。

挠力河流域共有水库 50 余座，总库容为 $9.41 \times 10^8 m^3$，兴利库容为 $4.92 \times 108 m^3$，其中大型水库两座，即龙头桥水库和蛤蟆通水库，总库容为 $7.66 \times 10^8 m^3$；中型水库主要有两座，即清河水库和大索伦水库，总库容为 $0.42 \times 10^8 m^3$，兴利库容为 $0.23 \times 10^8 m^3$；小型水库 46 座，总库容为 $1.06 \times 10^8 m^3$，兴利库容为 $0.68 \times 10^8 m^3$（郗鸿峰，2018）。挠力河主要的支流及分布水库见表 1-5。其中龙头桥水库坝顶长 760m，最大坝高 52.7m，总库容 6.15 亿 m³，兴利库容 3.25 亿 m³，属大（Ⅱ）型水库，是一座以灌溉、防洪为主，兼顾发电、养鱼、旅游等综合利用的大型水利工程（郗鸿峰，2018）。

表 1-5 挠力河流域主要支流特征及相应水库

河流	流域面积/km²	河流实长/km	弯曲系数	水库
泥鳅河	234	34.8	1.73	—
大、小色金别河	491	45	1.41	大、小色金别水库
宝石河	900	67.8	1.27	太平沟水库
宝清河	451	30.6	1.51	清河水库、清河沟水库
大索伦河	451	99.4	1.29	大索伦水库
小索伦河	368	24.6	1.40	小索伦水库
蛤蟆通河	1 235	150.3	1.80	蛤蟆通水库
七里沁河	1 287	64	1.45	七里沁河水库
大佳河	208	35	1.20	—
半截河	94	17	1.10	—
小佳河	330	43.8	1.07	小佳河水库
内七星河	3 985	241	1.75	金沙河水库、巨宝山水库
外七星河	6 520	174.6	1.96	—
宝密河	207	43	1.41	—
珠山河	146	25.2	1.26	—
大主河	170	37	1.35	—

资料来源：郗鸿峰，2018。
注：—表示无数据。

大部分水库都位于保护区范围，即使不在保护区范围，水库的调水多少也直接影响挠力河流域水量，进而影响保护区湿地的水文补给。从 20 世纪 70 年代初和 90 年代初水库供水与灌溉需水量就很容易看出水量平衡的变化。从表 1-6 中可以看出，随着水库工程的不断修建，灌溉面积及需水量也在增加，水库在不能满足农田灌溉需水时，不足部分需要用地下水和地表灌区引水来补充，这便在时空分布上改变了挠力河流域湿地的水文状况。

表 1-6 水库与灌溉需水量平衡变化

年代	流域	净来水量/亿 m³	灌溉面积/万 hm²	灌溉需水量/亿 m³	水量平衡/亿 m³
20 世纪 70 年代	内七星河	1.75	2.1	0.79	+0.96
	外七星河	0.10	4.2	0.69	−0.59
	挠力河干流	4.56	4.5	2.94	+1.62
20 世纪 90 年代	内七星河	1.79	5.81	2.45	−0.66
	外七星河	0.10	11.5	2.29	−2.19
	挠力河干流	6.27	14.8	6.27	0

资料来源：郁鸿峰，2018。

第四节 湿地保护管理状况

挠力河保护区于 2002 年 7 月由国务院批准建立为国家级自然保护区。行政隶属于黑龙江省农垦总局，管理机构是黑龙江挠力河国家级自然保护区管理局；编制 46 人，行政级别为正处级全额补助拨款事业单位。

挠力河保护区管理局下设两个分管理局、十一个管理站，即红兴隆管理局和建三江管理局；十一个管理站分别是长林岛管理站、雁窝岛管理站、红旗岭管理站、八五二管理站、饶河管理站、胜利管理站、八五九管理站、红卫管理站、创业管理站、七星管理站、大兴管理站。

一、保护区立法

为了更好地保护野生动植物资源及其生存环境，挠力河保护区根据《黑龙江省人民政府办公厅关于印发省政府 2009 年立法工作计划的通知》（黑政办发〔2009〕22 号）文件精神，结合挠力河保护区的实际，于 2009 年起动立法方案，经过四年的时间，通过多次的调研、讨论、修改，《黑龙江挠力河国家级自然保护区管理条例》（以下简称《条例》）已由黑龙江省第十二届人民代表大会常务委员会第六次会议于 2013 年通过并施行。《条例》使保护区在湿地保护上可以做到有法可依。严厉打击了破坏湿地的违法行为，为保护湿地、发展湿地、利用湿地提供了方向和保障。

二、湿地保护管理工作

为了更有效地保护湿地，挠力河保护区在农垦红兴隆和建三江管理局的每个农场都设置了管护站，建立了覆盖整个保护区的湿地保护管理网络。湿地的保护管理实行属地管理，要求行政领导负责制，相关管理局局长、农场场长为第一责任人，这样就实现了保护区与地方行政管理有机融合，提高了湿地保护管理的力度。

保护区积极争取国家退耕还湿、湿地保护相关政策和项目的同时，鼓励相关管理局和地方农场安排保护区管理专项资金，确保保护区管理工作经费，切实加强保护区湿地管理。广泛宣传和实施《黑龙江省湿地保护条例》《条例》等湿地保护的法律法规，有效运用法律手段，会同公检法、畜牧渔业、林业等执法部门，严厉打击毁湿开垦等违法违规行为。同时，有计划地对湿地内的原有耕地进行还湿、还林，使湿地资源得到有效保护。

为更好地加强湿地资源管护和生态监测系统建设，挠力河保护区还建立了天地一体化立体网络监测系统。利用卫星遥感、无人机航拍和地面手机终端全方位开展巡护核查。并在红旗岭、七星、胜利三个管理站及部分重点区域建立了全覆盖视频监控设施平台系统，逐步完善"互联网+保护管理"平台建设，增强区域湿地资源和生态环境的有效监测面，提高保护区的有效管控能力，减少人类违规活动，实现对重要生态功能区大范围、全天候监测，达到生态保护的精细化和信息化水平。

随着保护力度及湿地恢复工作的开展，保护区内生态环境日益改善，野生动植物资源日渐丰富，已连续多年观测到珍稀鸟类大型集群现象。2015～2019年连续6年挠力河保护区每年出现500～700只东方白鹳、白琵鹭、小天鹅等候鸟大型集群现象，2019年观测到国家一级保护动物丹顶鹤150只，其中最大集群80只。保护区内湿地功能逐渐恢复，湿地水源供给、调节洪水等作用日益突显，对保障区域生态安全、水安全及粮食安全具有重要的意义。

第五节　本章小结

一、挠力河保护区地理位置概况

挠力河保护区位于我国东北部边陲，黑龙江省宝清县、富锦市、饶河县两县一市行政辖区内的农垦红兴隆、建三江管理局。地理位置为北纬 46°30′22″～47°24′32″，东经132°22′29″～134°13′45″，保护区面积为 160 601hm²，核心区面积 37 047hm²，占保护区总面积的 23.07%，缓冲区面积 53 128hm²，占保护区总面积的 33.08%，实验区面积70 426hm²，占保护区总面积的 43.85%。保护区从西到东直线距离是 146.56km，挠力河保护区内河道总长度为 419.96km。按照我国自然保护区类型划分标准，挠力河保护区属于"自然生态系统类"中的"内陆湿地与水域生态系统类型"，主要保护对象为水生和陆栖生物及其生境共同形成的湿地和水域生态系统。

二、挠力河保护区自然地理概况

挠力河保护区位于乌苏里江的一级支流挠力河流域，流域内总地势呈现西—西南—东南高，北—东北低。挠力河顺应地势自西南流向东北。地貌类型由山地和平原两大部分组成。挠力河保护区所在区域属温带半湿润大陆性季风气候区。冬季在极地大陆气团控制下盛行西北风，气候严寒干燥；夏季受太平洋副热带气团影响，盛行偏南风，高温多雨，具有明显的大陆性季风气候特征。挠力河是保护区范围内的主要河流，为乌苏里江的一级支流，发源于完达山脉勃利县境内的七里嘎山，自西南流向东北，在宝清镇北15km 的国营渔亮子处，分为大小挠力河两段水流，行 50km 至板庙亮子汇合，形成一个橄榄形的"夹心岛"，在饶河县东安镇入乌苏里江，全长 596km。挠力河保护区的土壤类型主要受水文地貌条件控制，主要有沼泽土、草甸土、白浆土、棕壤、黑土等类型。

挠力河保护区野生动物、植物资源丰富，尤以湿地动物、植物更为丰富。据野外调查和查阅相关资料，保护区现记录脊椎动物 6 纲 40 目 97 科 398 种。

三、挠力河保护区社会经济和湿地保护管理概况

挠力河保护区位于宝清、饶河、抚远和富锦三县一市行政区内的红兴隆和建三江 2 个农垦管理局境内。西至七星河自然保护区、五九七农场 3 分场；东到国界河乌苏里江；北接农垦建三江管理局的大兴、七星、创业、红卫、胜利和八五九农场；南临农垦红兴隆管理局的五九七、八五二、八五三、红旗岭和饶河 5 个农场。自然保护区范围内现有常住居民 701 户，人口 3720 人左右。挠力河保护区管理局下设两个分管理局、十一个管理站，即红兴隆管理局和建三江管理局；十一个管理站分别是长林岛管理站、雁窝岛管理站、红旗岭管理站、八五二管理站、饶河管理站、胜利管理站、八五九管理站、红卫管理站、创业管理站、七星管理站、大兴管理站。2013 年，黑龙江省第十二届人民代表大会常务委员会第六次会议通过并施行《黑龙江挠力河国家级自然保护区管理条例》。《条例》使保护区在湿地保护上可以做到有法可依。严厉打击了破坏湿地的违法行为，为保护湿地、发展湿地、利用湿地提供了方向和保障。

参 考 文 献

黑龙江省农垦总局史志办公室. 2018. 黑龙江农垦年鉴 2017. 北京: 方志出版社.
黑龙江省土地管理局. 1992. 黑龙江土壤. 北京: 中国农业出版社.
姜明. 2007. 三江平原湿地土壤铁迁移转化过程及其环境指征. 中国科学院研究生院博士学位论文.
姜明, 吕宪国, 杨青. 2006. 湿地土壤环境功能评价体系研究. 湿地科学, 4(3): 167-173.
郗鸿峰. 2018. 挠力河流域灌区地下水承载力评价指标体系的构建与应用. 吉林大学硕士学位论文.
张养贞. 1998. 三江平原沼泽土壤的发生、性质与分类//黄锡畴. 中国沼泽研究. 北京: 科学出版社: 135-144.

第二章 挠力河保护区湿地类型及景观变化

第一节 湿地的分布特征与形成发育

一、湿地的分布特征

湿地在空间上的分布受自然分异规律的制约，不仅有纬度地带性的差异，也有经度地带性的差异，同时也受垂直地带性的影响。挠力河保护区湿地受地带性因素制约，多为富含营养的草本湿地。在平原内部，湿地的分布受地貌和地表组成物质的影响，具有明显的不平衡性。在山区谷地，由于坡降较大，水分稳定性不好，湿地主要分布在山间谷地、河流交汇处、沟谷源头、洪积扇缘、山麓坡脚与地下水出露的地带。湿地发育和形成以草甸湿地化为主。

挠力河中游是多条支流汇聚的地方，河漫滩宽广，最宽达 34km。米自山区的丰富径流进入平原以后，由于坡降变缓，河道弯曲，河道狭窄，洪水宣泄不畅，导致水流漫散，地表积水丰富。因此，此区域大多经历草甸湿地化发育形成湿地。部分河流裁弯取直，留下许多废弃河道，积水形成牛轭湖，经历水体湿地化发育演化成湿地。在挠力河中下游地区，整个河漫滩均为湿地所占据，湿地率高达 50%以上。

在完达山北麓挠力河及其支流滩地后缘及倾斜平原的许多洼地中，受山区丰富的地表径流和裂隙潜水补给，水源充足，水温低，分解强度小，适于泥炭的形成和累积，发育形成了很多泥炭沼泽，是三江平原泥炭储量较多的地区。泥炭层厚度 50~100cm，最厚可达 500cm。泥炭分解度低。

不同湿地类型的分布也有一定的规律性。漂筏薹草湿地分布在靠近河槽的低河漫滩上，集中分布在挠力河中游地区。芦苇湿地主要分布在地表径流汇集、水量丰富且涨落幅度大、水的矿化度高的七星河中下游地区。毛薹草广泛分布于挠力河阶地和高河漫滩的低洼地中，受山区径流补给，水分交换频繁，涨落明显，水温较低。薹草-小叶章湿地面积较小，多呈条带形分布于上述湿地的外缘。

湿地区域分布不平衡性与人类活动也有一定关系。在靠近山麓坡脚地形高敞地带，土地开发时间长，湿地基本开发殆尽。靠紧挠力河河漫滩和中下游地区，湿地开发较少，湿地面积较为集中。

二、湿地形成因素分析

湿地是在多水环境下形成的，是水分在土壤层和地表积聚的结果。本区属温带湿润、半湿润季风气候，其降水量和可能蒸发量的总量并不算多，但却形成了大面积湿地。这一矛盾现象是地质、地貌、气候、水文、土壤、植被综合作用的结果。

挠力河保护区湿地大面积集中分布有以下三个方面因素。

1. 地质、地貌因素

本区新构造运动始终处于大面积下沉为主的间歇性沉降运动中，因而地势低平，地表切割较弱，河道蜿蜒曲折，河漫滩宽广，径流滞缓。地面自西南向东北缓缓倾斜，坡降仅 1/5000～1/10 000。由于河道变迁频繁，低河漫滩上平行鬃岗、迂回扇、废弃河道、牛轭湖等微地形十分发育，高河漫滩上又广泛分布碟形、线形或不规则洼地，为水分积聚提供了下垫面条件。挠力河流域地表普遍为 3～17m 厚的上更新统黏土或亚黏土，质地黏重，渗透系数一般为 0.0013～0.635cm/d，几乎不透水，地表积水难以下渗，致使湿地不仅在低河漫滩上形成，而且在阶地上也广泛分布。

地貌和地表组成物质的不同制约着湿地水源补给类型。湿地表面形态和所处地貌部位不同，水分补给类型或混配比例不同。分布在阶地和高河漫滩上的洼地湿地，为地表径流和大气降水补给。河漫滩和阶地上与河流相联系的大型洼地等无尾河漫散地区的湿地，以泛滥水补给为主，并受大气降水补给。山前倾斜平原湿地以坡面地表径流补给为主，少量大气降水和地下水补给。

2. 气候因素

本区年降水量多为 500～650mm，而且集中于夏秋，6～10 月降水量为 420～500mm，占全年降水量的 75%～85%，成为湿地的主要补给水源。秋雨多，更是挠力河流域气候的显著特点，一般 9～10 月降水量占全年降水量的 20% 左右，加上 10 月末或 11 月初地表稳定冻结，大量水分被冻结在地表和土层中，致使翌年春季解冻后土壤过湿或积水。因冬季严寒，土壤解冻期长达 6 个月以上，冻层深厚，沼泽湿地在盛夏还有冻结层存在，影响水分下渗，也有利于湿地形成。

3. 水文因素

挠力河流域河道稀疏，河底纵比降小，平原区多为 1/10 000，河槽弯曲系数大，一般为 1.5～3.3，枯水期河槽狭窄，容易泛滥。河漫滩宽广，多为 10～30km，故平槽泄量小，仅为 8～25m³/s。一般年份有 34～68 天洪水流量超过平槽泄量，大量泛滥水补给湿地。每年汛期，挠力河还受乌苏里江洪水顶托，抬高了河流的承泄水位，使两岸排水更为困难，促进了湿地形成。挠力河中下游没有明显河槽，形成大面积湿地，上游洪水及天然降水成为湿地的重要补给水源。

三、湿地的发育与形成过程

1. 水体沼泽化

水体沼泽化主要发生在少数积水较深的牛轭湖、旧河道、洼地、湖滨等。其底质主要为河床相和湖沼相堆积物。在薄层泥炭层下，多为黄色细砂或黑色淤泥。某些泥炭层的下部发现有水生植物的种子——菱的果实，有的泥炭层下部发现有螺壳，以及香蒲、眼子菜、狸藻等水生植物的花粉，这些都是水体沼泽化的有利证据。目前在流速缓慢的挠力河部分河段，水体沼泽化仍在进行中。

　　水体沼泽化的主要过程分为河流沼泽化及湖泊沼泽化。水体经历机械沉积、化学沉积和生物沉积而发展到老年阶段，水体深度变浅，河岸倾斜平缓，水流缓慢或静止。在光照条件好、水温适宜的条件下，水草开始在岸边丛生，且随水深变化，植物有规律地分布，之后，死亡植物残体浸没在水中，因缺乏氧气，分解缓慢而逐年堆积，水位进一步变浅，植物生境条件发生变化，植物群落相应地向湖心或河床部分漫延，最后整个湖泊或河段演变为沼泽。本区雁窝岛的镜面湖是水体沼泽化的典型。在湖的四周坡度不大，缓缓向湖心倾斜，风浪小，光照充足，水温适宜，矿质营养丰富，为植物生长提供了良好的条件。从岸边到湖心，植物呈有规律的带状分布。没有积水的岸边，为小叶章群落，水深 0～10cm，生长薹草-小叶章群落。水深 20～25cm 的湖滩，面积较大，以芦苇群落为主。

2. 草甸沼泽化

　　根据挠力河保护区内的湿地形态特征、沉积物性质和泥炭剖面分析，本区湿地大多起源于草甸沼泽化。除了一定面积的水体沼泽化之外，分布于广大阶地面上的低平地、浅洼地和绝大部分河漫滩上的湿地，由于相对地势低平，受大气降水或河流泛滥等因素影响，使地表积水或土壤过湿，生长了茂密的草甸植物，土壤孔隙被水和死亡的植物残体充填，造成土壤通气状况不良，有机质在厌氧环境下分解缓慢，进一步加重了地表积水程度。原来生长的草甸植物得不到充足的氧气，而对氧气需求较少的喜湿植物开始侵入。这些植物具有发达的根系或地下茎，互相交织形成厚薄不一的草根层，蓄水能力强，从而更进一步加强了地表的湿润状况，导致密丛禾本科或莎草科植物发育。密丛植物的分蘖节都是在土壤表面以上发育的，同时以菌根营养方式吸收养分。由于密丛植物根的内部具有极其发育的通气组织，它同茎和叶的通气组织连通起来，使空气可进入根部，它们能在矿质营养丰富的水流条件下生长。同时，由于它的分蘖节在地表上，并有输导空气的间隙及带有菌根的深根，所以密丛植物可以生活在完全处于嫌气条件下、没有无机化合物的地方。既然分蘖节移至地表，有机物质大量聚积层也就移到地面，于是在地表积累的物质，逐渐具有纯有机质的特性，矿物质土粒越来越少。随着密丛植物的发育，每年都有越来越多的呈辐射状生长的新枝叶，这些一年生的枝叶在结粒后死亡，翌年又在其上长出新枝叶，死亡的枝叶就构成密丛的中间部分。正是由于它们在中心而被保存下来，其中永远充满着停积的水分，使死亡的茎叶得以保存。另外，活的分蘖节总是在老的分蘖节上生长，因此不至于被窒息而死亡，这样整个株丛就由一些辐射状的茎和叶形成一个一个孤立的草丛，其基础部分就成为小草丘（塔头）。草丘造成地表起伏不平，加大糙率，影响地表径流排泄，进一步加重了地表淹水程度，最后形成沼泽湿地。

四、湿地的分类及主要特征

1. 分类

　　由于湿地生态系统的高度多样性和结构复杂性，以及湿地类型在不同区域的差异，加上各国湿地概念、各国家和地区国情不同与研究目的不同，世界各地湿地分类系统多种多样。根据《湿地公约》及挠力河流域的具体情况，将湿地分为河流湿地、沼泽湿地、湖泊湿地、库塘及水稻田等人工湿地。

2. 主要湿地类型特征

1）沼泽湿地

沼泽主要是指长期淹水的淡水沼泽湿地、季节性积水的沼泽化草甸及土壤过湿或短期淹水的草甸湿地。挠力河流域以淡水沼泽湿地为主，主要分布在河漫滩、湖滩和阶地上的浅洼地。常年积水，水深 10～50cm，因积水状况差异，优势植物分别为毛薹草、乌拉草、灰脉薹草、瘤囊薹草、漂筏薹草和狭叶甜茅等，总面积为 30.73 万 hm^2。芦苇沼泽主要分布在七星河中下游等地区，常年积水，水深一般在 20cm 以上。沼泽化草甸为季节性积水，土壤为潜育草甸土或潜育白浆土。其中，草本型沼泽化草甸多分布在高河漫滩和一级阶地的洼地边缘，以小叶章-薹草和小叶章-芦苇群丛为主；灌丛型沼泽化草甸多分布在阶地上，以水冬瓜-丛桦-沼柳群丛为主。草甸湿地为季节性土壤过湿或季节性积水，土壤为草甸土或草甸白浆土，多分布在高河漫滩或阶地上，以小叶章群丛为主，优势植物为小叶章，一般为 80～110cm。

2）河流湿地

挠力河流域有大小河流 10 余条，主要河流长度和性质如表 2-1 所示。

表 2-1　挠力河保护区主要河流湿地

河流名称	河流实长/km	河流宽/m	河流性质
挠力河	596	50～100	
内七星河	241	50	
外七星河	174.6	60	
蛤蟆通河	80	10～20	
七里沁河	64	15～25	
小挠力河	40	20	
宝清河	36	10～20	
大佳河	35	5～10	
小佳河	43.8	10～15	
半截河	21	5～7	无尾河

3）湖泊湿地

湖泊湿地包括三角泡子、四方林大泡子、魏家亮大泡子、月牙泡、西蒿塘、宝清河泡子、对面街泡子、镜面湖、李焕章泡子、黑鱼泡、五星湖等大小泡沼 40 多个。

4）库塘

20 世纪 50 年代，挠力河保护区及其周边流域大兴水利，在许多支流区域共建中小型水库 50 余座，包括新华、东风、小东沟、跃进、林源、前进、东方红、创业、劲松、新鲜河、大索伦、和平村、南林井子等。到目前为止，在支流修建的水库只有蛤蟆通水库、清河水库、巨宝山水库和金沙河水库具有一定规模，控制流域面积分别为 472km^2、265km^2 和 10km^2。挠力河流域中下游地区在 50～80 年代的垦荒过程中，挖渠排水，导致引水沟渠密布，同时还有大量的废弃坑洼积水地和人工养殖鱼塘等。

5）水稻田

由于挠力河流域地表水和地下水资源丰富，稻田面积近年来在不断扩大，目前保护区内水稻田面积已达 50 026hm^2，占保护区总面积的 31.1%；旱地较水田略少，面积为 20 330hm^2，占保护区总面积的 12.7%。因此保护区急需开展退耕还湿工作，尤其在保护区的核心区和缓冲区，更应该在政府的支持下，开展退耕还湿及湿地恢复的工作。

第二节　挠力河流域土地利用变化

一、过去 60 年挠力河流域土地利用概况

对 1954～2005 年挠力河流域的土地利用数据进行统计可以得出，50 余年中挠力河流域土地利用变化的总体特征为：耕地、居民地与建设用地增加明显，分别增加了 1 142 078.41hm^2 和 34 241.93hm^2，而林地、草地、水域和未利用地面积都不同程度地减少，减少率分别为 25%、70%、2%、82.9%，其中未利用地面积中减少最多的为沼泽湿地。

从图 2-1 中可以看出，林地、草地和未利用地面积一直呈减少趋势，耕地面积一直呈显著上升趋势。居民地与建设用地在 1954～1980 年增加明显，但是到了 20 世纪 80 年代之后增加速度放缓，并趋于稳定，这与我国 80 年代实行的人口政策有关。80 年代之后，挠力河流域人口增加速度减缓，导致对于住房宅基地的需求减少，而建设用地的增加可能与城市化进程加速有关。同时，虽然人口趋于稳定，但是耕地的面积却一直处于增加状态，这可能与 80 年代后东北成为我国最大的商品粮基地，粮食生产直接与流域内的 GDP 挂钩，导致对粮食的需求不减反增。水域面积在 1995 年之前总体上呈现出减少趋势，在 1995～2005 年的 10 年间急剧增加，已经接近 1954 年的水平。前期水域面积减少主要是湿地丧失引起，而 1955～2005 年水域面积增加，主要是由于种植模式的改变，大量的旱田改为水田，导致水域面积的增加。

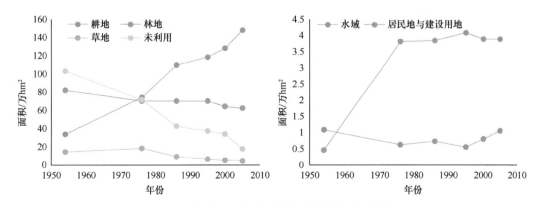

图 2-1　挠力河流域不同土地利用类型面积变化

二、挠力河流域土地利用类型变化

对 6 个时段土地利用图进行分析，可以发现 1954～1976 年，三江平原挠力河流域土地利用/覆被变化显著（图 2-2）。其中耕地面积平均每年增加 18 073.32hm²；林地平均每年减少 5573.80hm²；草地在 22 年间平均每年增加 1435.88hm²；水域的面积变化相对较小；居民地与建设用地变化显著，由 1954 年的 4471.96hm² 扩展到 1976 年的 38 062.03hm²，在 22 年内净增加了 33 590.07hm²，平均每年增加 1526.82hm²，其动态度为 34.14%，是各种土地利用类型中动态变化最显著的；未利用地变化也非常显著，年均减少 15 244.56hm²。

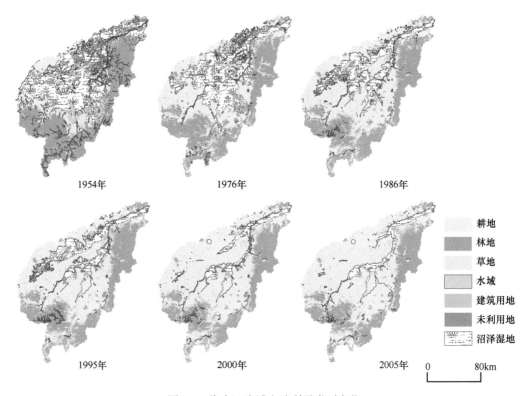

图 2-2 挠力河流域土地利用类型变化

通过对未利用地的二级分类结果进行统计分析发现（表 2-2），沼泽湿地面积发生了重大变化，由 943 588.68hm² 减少到 709 180.4hm²，共减少了 234 408.28hm²，平均每年减少 10 654.92hm²。这是由于在中华人民共和国成立初期大量移民的涌入及农垦部队的进入，大量农田在此期间被开垦，导致耕地、居民地、建设用地面积不断扩大，而林地、未利用地面积不断减少则主要是由于大面积农田开垦，尤其是自然条件良好、交通相对方便、人口密度较大的区域，大量适宜开垦的林地、草地、沼泽湿地被开垦为农田（宋开山等，2008）。

在 1976～1986 年的 10 年间耕地共计增加了 36 794.04hm²；林地面积变化不大，略有增长，面积比重由 29.61% 增加到 29.67%；而未利用地变化减少较多，年减少

27 560.42hm²，通过对未利用地的下一级分类进行分析，表明其中的主要变化是沼泽地的减少；在此期间草地减少了 94 743.76hm²，与 1954～1976 年相比，草地减少的速度明显增加，这是由于改革开放以后机械化程度的不断提高。农用机械的使用量不断增加，因此开垦速度明显提高；水域面积变化呈增加趋势，但增加幅度并不大；城乡建设用地涨幅不大，所占比例变化也不大。

1986～1995 年挠力河流域各土地利用类型的变化趋势为：1985 年以后随着经济发展和人口增长，国家大修水利工程，平原区的低湿沼泽湿地逐渐被开垦为农田，耕地和居民地与建设用地持续增长，年增长分别为 9334.39hm² 和 256.83hm²；草地面积大幅度减少，由 88 171.82hm² 迅速减少到 69 120.02hm²，面积比重由 3.72%降低到 2.92%；水域面积减少了 1788.36hm²；未利用地面积总体变化不大；居民地与建设用地略有增加；而林地略有减少，面积比重由 29.67%减少到 29.65%。在此期间耕地面积大量增加。尤其是随着机械化程度的提高与交通条件的便利，使许多开发初期不便开发的宜农荒地得到了进一步开垦。随着排灌系统的完善许多重度沼泽地也被不断开发成农田。

1995～2000 年，挠力河流域耕地依然是增长趋势，面积比重由 49.95%增加到 54.12%；林地大规模减少，5 年内总计减少 65 088.74hm²，年减少量为 13 017.75hm²。通过对林地二级分类结果进行统计分析，结果表明，在此期间减少的林地主要是有林地及耕地附近的疏林地，而灌木林地却有所增加；草地面积有所减少，面积比重由 2.92%减少到 2.41%；水域面积增加最多，年增加量为 501.56hm²，这主要是由于建设水库沟渠造成的；未利用地面积有所减少但变化不大；居民地与建设用地面积下降，在 5 年内减少了 1914.48hm²，平均每年减少 382.90hm²。

表 2-2　各时段不同土地利用类型的变化动态

时段	变量	耕地	林地	草地	水域	居民地与建设用地	未利用地
1954～1976 年	年变化量/hm²	18 073.32	−5 573.80	1 435.88	−199.80	1 526.82	−15 244.56
	单一动态度/%	5.40	−0.68	0.95	−1.88	34.14	−1.46
	综合动态度/%			0.8980			
1976～1986 年	年变化量/hm²	36 794.04	130.24	−9 474.38	88.01	22.46	−27 560.42
	单一动态度/%	5.03	0.02	−5.18	1.41	0.06	−3.89
	综合动态度/%			1.3558			
1986～1995 年	年变化量/hm²	9 334.39	−55.24	−2 116.87	−198.71	256.83	−7 220.28
	单一动态度/%	0.85	−0.01	−2.40	−2.79	0.67	−1.67
	综合动态度/%			0.5102			
1995～2000 年	年变化量/hm²	19 784.49	−13 017.75	−2 391.65	501.56	−382.90	−4 493.86
	单一动态度/%	1.67	−1.85	−3.46	9.42	−0.94	−1.22
	综合动态度/%			0.5957			
2000～2005 年	年变化量/hm²	38 718.60	−3 508.15	−2 207.33	518.17	6.06	−33 527.37
	单一动态度/%	3.02	−0.55	−3.86	6.62	0.02	−9.69
	综合动态度/%			1.4158			

2000～2005 年挠力河流域耕地的增幅比较大，面积比重由 54.12%增加到 62.29%；林地进一步减少，年减少量为 3508.15hm²，面积百分比也由 26.9%迅速下降到 26.16%。通过对林地二级分类结果的统计分析表明，在此期间林地面积的减少主要是临近道路两侧、居民地以及耕地附近的疏林地和灌木林大量被开垦为耕地的结果。草地面积继续减少；水域面积增加比较显著，5 年增长了 2590.83hm²；居民地与建设用地的面积呈增加趋势但增加幅度并不大，在 5 年期间共计增加 30.28hm²，年增加量为 6.06hm²。在此期间未利用土地面积减少幅度较大，年减少量为 33 527.37hm²，通过对未利用地二级分类结果进行统计分析发现，在此期间减少的未利用地主要是沼泽地，由 2000 年的 433 453.71hm² 减少到 2005 年的 178 097.51hm²。

三、挠力河流域不同土地利用类型间转化特征分析

通过 GIS 软件统计分析表明，1954～1976 年沼泽湿地的转化率最高，其向其他类型均有转出，共转出面积 4660.2×10²hm²，其中转化为耕地 3444.8×10²hm²（表 2-3）。在此期间，共有 5158.7×10²hm² 其他土地利用类型转化为耕地，是变化最剧烈的一种土地利用类型，转化面积大小依次为：沼泽湿地>草地>林地>居民地与建设用地>水域；而耕地向其他土地利用类型转化面积为 1183.6×10²hm²，转化面积大小依次为：沼泽湿地>草地>林地>居民地与建设用地>水域，期间耕地转化为沼泽湿地面积比例最大，这主要是由于盲目开荒，许多排灌系统不够完善，致使许多已垦农田频繁发生洪灾而荒废；综合分析此期间耕地与其他土地利用类型间的转化情况可知，耕地与沼泽湿地、林地、草地之间的转化为主，尤其是沼泽湿地与耕地间的转化占的比重较大。林地在此期间共减少了 1993.4×10²hm²，在此期间林地与耕地、草地和沼泽湿地之间的相互转化为主，而林地的减少大部分是由于被开垦为农田的结果。草地在此期间变化不大，草地的增加主要是林地和沼泽湿地贡献的结果，水域在此期间有减少的趋势，其向其他土地利用类型转化面积大小依次为沼泽湿地>耕地>林地>草地>居民地与建设用地。居民地与建设用地在此期间变化也很显著，主导因素是大量人口的涌入和自身的增长，居民地与建设用地不断扩展，而且大部分居民地是由沼泽湿地转化而来，其次为耕地、林地和草地向居民地转化。沼泽湿地也是变化较为剧烈的一种土地利用类型，从转移矩阵的变化趋势可以看出，沼泽湿地面积在急剧减少，大部分被开垦为耕地，其他转化为草地、林地、居民地与建设用地。

表 2-3　1954～1976 年不同土地利用类型转化情况　　　（单位：×10²hm²）

1954 年 ＼ 1976 年	耕地	林地	草地	水域	居民地与建设用地	沼泽湿地
耕地	2161.8	122.5	272.4	14.1	103.1	671.5
林地	814.6	6253.2	793.6	6.1	60.1	319.0
草地	860.8	284.7	121.0	2.4	22.3	222.1
水域	8.7	1.1	0.8	2.9	0.3	92.5
居民地与建设用地	29.8	0.5	0.8	0.0	12.2	1.3
沼泽湿地	3444.8	356.3	639.6	36.8	182.7	5785.5

　　1976～1986 年，耕地依然呈快速增加趋势，主要由草地和林地转化而来（表 2-4），水域、居民地、沼泽湿地与耕地的相互转化相对稳定。林地在这一时段内处于缓慢增加状态，耕地、草地与沼泽湿地向林地转化是主要来源。草地这段时期减少幅度很大，主要是与耕地、林地、沼泽湿地之间的转化，沼泽湿地转化为草地是由于排灌系统的发展，导致大面积沼泽退化为湿草甸的结果。水域面积呈增加趋势，可能与这时期水库、沟渠的建设有关。居民地与建设用地依然增加（主要由耕地转化而来），但较 1954～1976 年增长速度明显下降。以上分析表明，在此期间挠力河流域土地利用变化面积虽然少于前一阶段，但是变化速度依然很快，机械化程度的提高，加大了人们改变自然的能力是一个重要原因，其次国家农业政策的倾向也是重要原因之一。

表 2-4　1976～1986 年不同土地利用类型转化情况　　（单位：×10²hm²）

1976 年＼1986 年	耕地	林地	草地	水域	居民地与建设用地	沼泽湿地
耕地	6679.5	237.5	106.0	10.7	104.5	183.3
林地	518.2	6181.9	230.1	3.0	15.1	71.9
草地	911.1	504.9	231.9	5.2	17.5	158.6
水域	2.5	0.8	1.0	43.6	0.1	14.3
居民地与建设用地	133.7	9.4	2.3	0.8	233.6	0.8
沼泽湿地	121.3	14.1	96.2	4.7	0.7	1548.0

　　在 1986～1995 年，耕地面积在此期间仍然处于增加趋势，耕地的增加主要是由沼泽湿地、林地、草地等转化而来（表 2-5）。林地在这一时段内处于减少状态，大量林地转化为耕地是主要原因，其次林地转化为草地。草地在这一时期增加剧烈，主要是与耕地、林地之间的转化，共转化 423.6×10²hm²。水域面积呈减少趋势，向其他类型转化24.5×10²hm²，转化面积大小依次为沼泽湿地>草地>耕地>林地。居民地与建设用地增加较为明显，主要由耕地转化而来，人口增长和国家基础设施建设的扩展是其主要原因。沼泽湿地面积仍然在不断减少，主要转化为耕地、林地和草地,但减少速率较 1976～1986年明显下降，主要是国家出台了一系列湿地保护政策，限制进一步开垦湿地，但仍有部分湿地被开垦为农田。

表 2-5　1986～1995 年不同土地利用类型转化情况　　（单位：×10²hm²）

1986 年＼1995 年	耕地	林地	草地	水域	居民地与建设用地	沼泽湿地
耕地	10 536.2	150.2	120.1	2.3	22.2	170.0
林地	290.4	6 670.0	59.6	0.0	3.8	9.4
草地	207.8	168.2	458.2	2.3	0.7	44.6
水域	0.5	0.0012	1.3	46.6	0.0	22.7
居民地与建设用地	3.5	0.2	0.7	0.0	378.4	0.0
沼泽湿地	802.6	39.6	51.2	2.1	1.0	3 439.3

由表 2-6 可以看出，耕地在 1995～2000 年转化面积很大，主要是由林地、沼泽湿地和草地转化而来；这一时期林地减少了 $690.1 \times 10^2 hm^2$，主要转化为耕地和草地。草地面积也有一定程度的减少，主要转化为耕地和林地。此时期水域面积增加较多，主要由沼泽湿地转化而来，这可能与水利设施的修建有关。居民地与建设用地、水域变化较小，有一定程度的减少，主要转化为耕地和林地。这一时期沼泽湿地面积有所减少，转化为耕地和水域的面积分别为 $277.8 \times 10^2 hm^2$ 和 $27.0 \times 10^2 hm^2$。1988 年刘兴土院士向国家提交了缩小三江平原开荒规模的建议报告，被国家农业综合开发办公室所采用，开荒面积明显减少，各农场以旱田改水田，改造中低产田为主。

表 2-6　1995～2000 年不同土地利用类型转化情况　　（单位：$\times 10^2 hm^2$）

1995 年 ＼ 2000 年	耕地	林地	草地	水域	居民地与建设用地	沼泽湿地
耕地	11 706.8	22.8	51.6	0.5	3.5	55.8
林地	583.8	6 338.0	75.5	0.0	0.2	30.6
草地	239.4	9.1	441.9	0.0	0.7	0.0
水域	2.2	0.0	0.0	50.7	0.0	0.3
居民地与建设用地	20.1	1.9	0.7	0.0	382.3	0.9
沼泽湿地	277.8	5.5	2.0	27.0	0.0	3 373.7

根据 2000～2005 年不同土地利用类型转化的计算结果（表 2-7）可以看出，耕地面积在此期间仍为增加趋势，增加率为 15%，主要是由沼泽湿地、林地和草地转化而来。林地在此期间呈减少趋势，主要转化为耕地和草地，分别转化了 $416.5 \times 10^2 hm^2$ 和 $72.6 \times 10^2 hm^2$。草地面积仍然是减少趋势，主要转化为耕地、沼泽湿地和林地，共转化面积 $346.4 \times 10^2 hm^2$。20 世纪 90 年代以来，以稻治涝，大规模地发展水田，建了很多强排强灌的农田水利设施（沟渠、水库），导致此期间水域面积增加很多，增加了 33.1%，主要由耕地、林地和沼泽湿地转化而来，共转化 $33.3 hm^2$。此期间居民地与建设用地变化较小，可能与这时期人口增长速度变小有关。而沼泽湿地减少幅度较大，2000～2005 年共计减少了 167 636.87 hm^2，减少率为 48.4%，主要转化为耕地、林地、草地和水域，可见湿地保护政策虽然起到了一定作用，但湿地开垦仍在进行，湿地农田化的进程仍在继续（刘殿伟等，2006）。

表 2-7　2000～2005 年不同土地利用类型转化情况　　（单位：$\times 10^2 hm^2$）

2000 年 ＼ 2005 年	耕地	林地	草地	水域	居民地与建设用地	沼泽湿地
耕地	12 327.5	191.0	146.2	31.5	12.7	121.3
林地	416.5	5 857.9	72.6	6.4	10.0	14.1
草地	173.1	77.1	213.9	9.4	1.8	96.2
水域	6.8	21.8	4.6	40.0	0.5	4.7
居民地与建设用地	15.3	4.4	3.5	0.9	362.1	0.7
沼泽湿地	1 827.0	49.7	20.5	16.0	0.1	1 548.0

第三节 挠力河保护区湿地景观变化

一、湿地景观变化特征

依据各时期研究区湿地景观变化图（图 2-3），分析可知：挠力河流域湿地开垦主要集中于上游和中游地区。1954～2015 年，研究区沼泽湿地呈逐年下降趋势。至 2015 年，沼泽湿地共计减少 $430.9 \times 10^2 hm^2$。旱地和水田分别增长 $221.3 \times 10^2 hm^2$ 和 $304.9 \times 10^2 hm^2$。

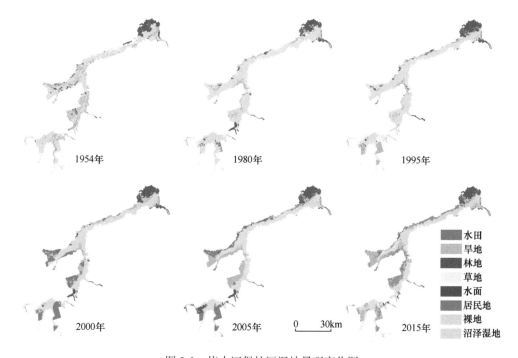

图 2-3 挠力河保护区湿地景观变化图

从保护区沼泽湿地减少曲线分析可知（图 2-4），主要湿地开垦发生在保护区成立之前的 1980～2000 年，该时期年湿地损失速率为 $15.1 \times 10^2 hm^2$。2002 年成立国家级保护区后，由于湿地保护政策和法规的出台，湿地开垦得到有效遏制，2000～2015 年的年湿地损失速率下降为 $11.2 \times 10^2 hm^2$。

分析研究区 1954～2015 年各时期沼泽湿地转移桑基图（图 2-5）可知，研究区 1954～1980 年，共减少 $98.4 \times 10^2 hm^2$ 沼泽湿地，其中 $55.0 \times 10^2 hm^2$ 转移为耕地，占减少量的 55.9%。1980～1995 年，共减少 $66.1 \times 10^2 hm^2$ 沼泽湿地，其中 $43.1 \times 10^2 hm^2$ 转移为耕地，占减少量的 65.2%。1995～2000 年，共减少 $126.1 \times 10^2 hm^2$ 沼泽湿地，其中 $114.9 \times 10^2 hm^2$ 转移为耕地，占减少量的 91.2%。2000～2005 年，共减少 $69.3 \times 10^2 hm^2$ 沼泽湿地，其中 $48.02 \times 10^2 hm^2$ 转移为耕地，占减少量的 69.3%。2005～2015 年，共减少 $71.0 \times 10^2 hm^2$ 沼泽湿地，湿地减少速率明显减缓，其中 $65.0 \times 10^2 hm^2$ 转移为耕地，占减少量的 91.5%。从各时期沼泽湿地减少特征来看，保护区沼泽湿地面临的主要威胁是农田开垦。

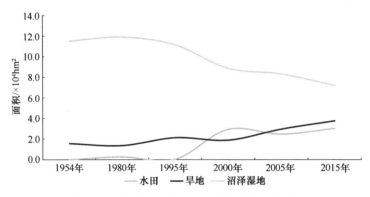

图 2-4　挠力河保护区湿地面积变化趋势图

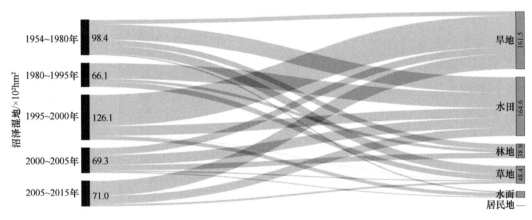

图 2-5　1954～2015 年各时期沼泽湿地转移桑基图

二、退耕还湿

挠力河流域自 1950 年以来经历了多次大规模农业开发活动，大面积沼泽湿地被转为农田，为保证国家粮食安全作出了巨大贡献，但为了农业发展的需要，原本集中连片的湿地区域被零散分割，湿地保护区岛屿化严重，各湿地之间的物质、能量和信息的传递被切断，导致整个区域生态功能严重削弱，湿地生态功能、社会效益得不到正常发挥，抵御自然灾害能力减弱。

挠力河保护区分别于 2014 年和 2017 年开展了退耕还湿工作，其中，2014 年在红旗岭、大兴、七星和红卫管理站开展退耕还湿试点面积 3004hm²。2017 年在大兴和胜利管理站开展退耕还湿试点面积为 1333hm²。2018 年退耕还湿总面积 667hm²，主要分布在大兴农场（图 2-6～图 2-8）。退耕地优先选择地势低洼多年歉收的地块作为试点，采取由核心区逐步有序地向缓冲区推进的原则。恢复地块以自然恢复为主，在开垦年限时间较长、水系隔断的地块开展针对性的植被移栽和水力连通工作，将岛屿化、破碎化的湿地连成片，有效增加了保护区湿地面积，同时提高了湿地生态系统的完整性和连通性。

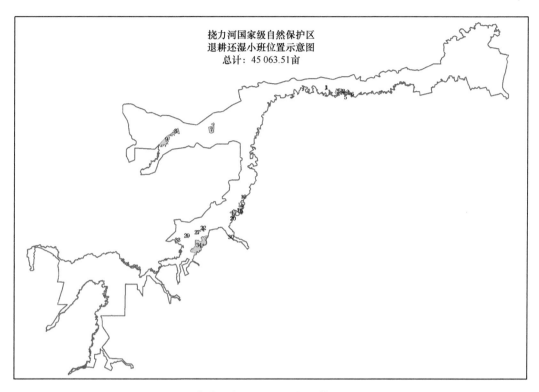

图 2-6 挠力河保护区 2014 年退耕还湿分布图

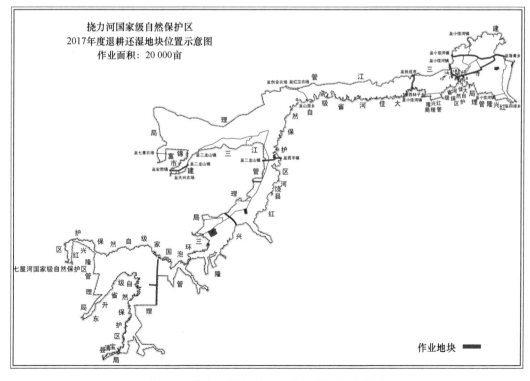

图 2-7 挠力河保护区 2017 年退耕还湿分布图

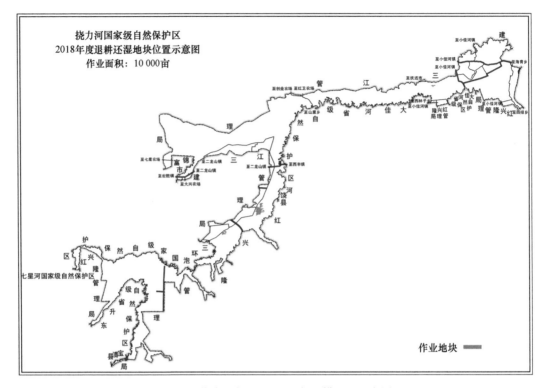

图 2-8　挠力河保护区 2018 年退耕还湿分布图

第四节　本章小结

一、挠力河保护区分布与形成发育概况

挠力河保护区湿地受地带性因素制约，多为富含营养的草本湿地，在平原内部，湿地的分布受地貌和地表组成物质的影响，具有明显的不平衡性。在山区谷地，由于坡降较大，水分稳定性不好，湿地主要分布在山间谷地、河流交汇处、沟谷源头、洪积扇缘、山麓坡脚与地下水出露的地带。湿地发育和形成以草甸湿地化为主。所在区域属温带湿润、半湿润季风气候，其降水量和可能蒸发量的总量并不算多，但却形成了大面积湿地。这一矛盾现象是地质、地貌、气候、水文、土壤、植被综合作用的结果。挠力河流域湿地的形成发育伴随着水体沼泽化和草甸沼泽化过程。根据《湿地公约》及挠力河流域的具体情况，将湿地分为河流湿地、沼泽湿地、湖泊湿地、库塘及水稻田等人工湿地。

二、挠力河保护区土地利用变化概况

对 1954～2005 年挠力河流域的土地利用数据进行统计发现，1954～2005 年的 50余年中挠力河流域土地利用变化的总体特征为：耕地、居民地与建设用地增加明显，分别增加了 1 142 078.41hm^2 和 34 241.93hm^2，而林地、草地、水域和未利用地面积都有不同程度减少，减少率分别为 25%、70%、2%、82.9%，其中未利用地面积中减少最多的为沼泽湿地。挠力河流域湿地开垦主要集中于上游和中游地区。1954～2015 年，研究区沼泽湿地呈逐年下降趋势。至 2015 年，沼泽湿地共计减少 $430.9\times10^2hm^2$。旱地和水田分别增长 $221.3\times10^2hm^2$ 和 $304.9\times10^2hm^2$。从保护区沼泽湿地减少曲线分析可知，湿地开垦主要发生在保护区成立之前的 1980～2000 年，该时期年湿地损失速率为 $15.1\times10^2hm^2$。2002 年成立国家级保护区后，由于湿地保护政策和法规的出台，湿地开垦得到有效遏制，2000～2015 年的湿地年损失速率下降为 $11.2\times10^2hm^2$。

三、挠力河保护区退耕还湿概况

挠力河保护区分别于 2014 年和 2017 年开展了退耕还湿工作，其中，2014 年在红旗岭、大兴、七星和红卫管理站开展退耕还湿试点面积 $3004hm^2$。2017 年在大兴和胜利管理站开展退耕还湿试点面积为 $1333hm^2$。2018 年退耕还湿总面积 $667hm^2$，主要分布在大兴农场。退耕地优先选择地势低洼多年歉收的地块作为试点，采取由核心区逐步有序地向缓冲区推进的原则。恢复地块以自然恢复为主，在开垦年限时间较长、水系隔断的地块开展针对性的植被移栽和水力连通工作，将岛屿化、破碎化的湿地连成片，有效增加了保护区湿地面积，同时提高了湿地生态系统的完整性和连通性。

参 考 文 献

刘殿伟, 黄妮, 王宗明, 等. 2006. 基于 GIS 的三江平原耕地适宜性评价研究. 农业系统科学与综合研究, 25: 414-422.
宋开山, 刘殿伟, 王宗明, 等. 2008. 1954 年以来三江平原土地利用变化及驱动力. 地理科学, 63: 93-104.

第三章　湿地植物资源

第一节　湿地植物概况

一、湿地植物生态监测方案

挠力河保护区位于三江平原的腹地，根据挠力河保护区的湿地类型及主要植物群落类型进行生态监测点的布设。挠力河保护区沼泽湿地植物生态监测共设置监测点 13 个，具体监测点位见图 3-1 和表 3-1。监测时间选取在每年生长季的 6～8 月，对于草本植物的监测采用样方法进行，草本层监测样方为 1m×1m，灌木层监测样方为 5m×5m，观测内容包括植物种类、盖度、高度等指标。使用 GPS 记录该点的经纬度坐标，同时记录调查时监测样点的自然环境特征（吕宪国，2005）。

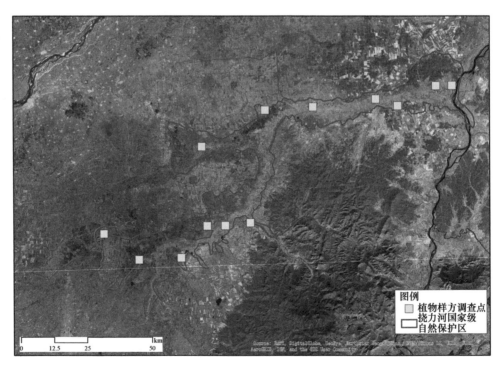

图 3-1　挠力河保护区植物类型调查样点位置图

表 3-1　挠力河保护区植物类型调查样点信息

标号	调查点位	经纬度	海拔/m	自然状况
1	七星农场	N47°6′32.8176″，E132°53′55.5216″	73	有放牧现象
2	大兴农场	N46°50′52.494″，E132°55′32.3112″	77	

标号	调查点位	经纬度	海拔/m	自然状况
3	创业农场	N47°13′47.8236″，E133°12′39.366″	73	
4	红卫农场	N47°14′23.3664″，E133°26′57.9156″	63	退耕地
5	八五九	N47°18′18.7164″，E134°8′21.8688″	61	河漫滩
6	胜利农场	N47°17′29.9616″，E134°3′36.7236″	57	河漫滩
7	佳河大桥	N47°15′50.5944″，E133°45′38.88″	69	有放牧现象
8	饶河农场	N47°14′29.6736″，E133°52′11.0316″	65	有放牧现象
9	红旗岭农场	N46°51′31.1832″，E133°8′10.5396″	74	
10	七里沁	N46°49′52.8″，E133°12′19.1″	68	
11	雁窝岛	N46°44′34.4112″，E132°47′41.9604″	83	
12	长林岛	N46°44′10.1168″，E132°35′6.9648″	81	有捕鱼现象
13	七星河	N46°49′13.9296″，E132°24′34.2288″	85	

二、沼泽湿地植被概况

通过连续两年对挠力河保护区多个生态监测点的监测数据分析，挠力河保护区沼泽湿地的植被具有类型多样、以沼泽湿地植物为主的特征。

1. 物种丰富、群落类型多样

本次调查以野生维管植物调查为主，主要包括湿地植物，兼顾农田、林下等非湿地植物。本次调查中，挠力河保护区共有野生维管植物 56 科 223 种（附表 1）。被子植物为主（53 科 218 种），占本次调查全部种类的 98%，以湿生和水生植物（挺水、浮叶、漂浮、沉水植物）为主。其中，双子叶植物 36 科 137 种，以菊科、蓼科、豆科、蔷薇科、毛茛科为最多。单子叶植物 17 科 81 种，以莎草科、禾本科为主。蕨类植物共 3 科 5 种。莎草科、禾本科、毛茛科和菊科 4 科在本区湿地植物中处于优势地位，莎草科和禾本科的一些物种是本区湿地建群种或优势种，菊科和毛茛科等植物则以群落中伴生种出现。眼子菜科、浮萍科、小二仙草科等在浅水生态系统中占优势。

物种的多样性是遗传多样性和生态系统多样性的基础。因此，物种的多少可以表示某区域的植物多样性。种的密度即单位面积的种数，常常作为不同地区间种的丰富程度的比较单位。若按保护区总面积 1605km² 计算，本区植物密度为 0.14 个/km²；这个数字超过全国维管植物密度（0.0028 种/km²）50 余倍（郎惠卿，1999），本区湿地植物具有非常高的丰富度，作为我国湿地生物多样性的"关键地区"是当之无愧的。

湿地植物种类组成特征是对区域湿地环境长期适应的结果。挠力河属沼泽性河流，具有宽广的河漫滩。河源区、阶地上线形、碟形洼地常年积水，构成沼泽的主体，是三江平原地区著名的大面积常年积水草丛沼泽，是水生和湿生植物主要分布区；河漫滩地面季节性积水或过湿，是湿生和湿中生、中湿生植物的主要分布区。非湿地植物多为中旱生或旱中生植物甚至旱生植物，喜生于土壤排水良好相对稍干燥的环境，这些植物主要分布在林缘、房前屋后、田埂路旁和堤坝岗地、岛状林内等通风排水良好的地段。挠力河保护区的沼泽湿地植被类型包括灌丛、草甸、沼泽和浅水水域湿地植被类型（或生态系统）。每个植被类型又包括数个群系和更多群落（表3-2）。

表3-2　挠力河保护区植物群落类型

标号	植物群落	主要伴生种	主要分布区
灌丛	越桔柳群落	小叶章、灰脉薹草、芦苇、水蓼、稗、野慈姑、菰	八五九、七星河
	沼柳群落	乌拉草、小叶章	胜利
草甸	薹草-小叶章群落	稗、水蓼、车前、鬼针草、莴草、睡莲、菰、鬼针草、毛水苏、狭叶甜茅	七里沁、千鸟湖
	小叶章群落	菰、狭叶甜茅、漂筏薹草、毛水苏、水蓼、球尾花、泽泻、荇菜、东北菱、芡实	红卫、八五九、胜利、创业及千鸟湖等地
	稗群落	灰脉薹草、鬼针草、苍耳、水蓼、泽芹、莴草	七星
沼泽	灰脉薹草群落	泽芹、东北沼委陵菜、两栖蓼、小叶章、稗、车前、莴草、拂子茅	七星、胜利、佳河大桥、七里沁、长林岛、雁窝岛等地
	乌拉草群落	小叶章、毛水苏、野慈姑	胜利
	狭叶甜茅群落	小叶章、菰、鬼针草、菖蒲、灰脉薹草	创业和雁窝岛等地
	芦苇群落	小叶章、两栖蓼、稗、风花菜、狗尾草	红卫、创业和千鸟湖等地
	漂筏薹草群落	鬼针草、球尾花、狭叶甜茅、溪木贼、小叶章、睡菜、苍耳	创业
	毛薹草群落	乌拉草、球尾花、北方拉拉藤、沼生繁缕	创业、胜利
	香蒲群落	菖蒲、芦苇、泽泻、水葱、野慈姑	创业
	菰群落	水蓼、球尾花、地笋、小叶章、菰、荇菜、东北菱	雁窝岛、千鸟湖
浅水水域	香蒲-芦苇群落	基本为纯群落，无伴生种	创业、红卫
	荇菜-东北菱群落		佳河、长林岛
	芡实群落		千鸟湖等地
	莲（荷花）群落		雁窝岛、红旗岭
	眼子菜群落		保护区普遍分布
	槐叶苹-浮萍群落		保护区普遍分布

灌丛生态系统：主要分布在河岸两侧、沼泽边缘或岛状林林缘，主要由沼柳、越桔柳、柴桦、东北桤木等组成。例如，沼柳-小叶章-狭叶甜茅群落、沼柳-小叶章-薹草群落、柴桦-小叶章-薹草群落等常见于河岸两侧、沼泽边缘。

草甸生态系统：为本区非地带性植被。主要分布在挠力河宽河谷外缘泛滥地，一级阶地更为广泛，呈带状或片状与沼泽交错分布。以小叶章和几种薹草以及灌丛为建群种，组成典型草甸或沼泽化草甸，如小叶章群落、小叶章-薹草群落、小叶章-沼柳-薹草群落、柴桦-小叶章-薹草群落等。沼泽化草甸主要有小叶章-芦苇群落、小叶章-薹草群落等。

沼泽生态系统：是保护区内面积最大、分布最广的类型。优势植物以莎草科、禾本科的湿生、沼生植物为主，如灰脉薹草、乌拉草、毛薹草、漂筏薹草、芦苇、狭叶甜茅、小叶章等。其代表类型有灰脉薹草群落、毛薹草群落、漂筏薹草群落、乌拉草群落、芦苇群落、狭叶甜茅群落、菰群落等。

浅水水域生态系统：由分布在浅水水体中的水生植物组成。水生植物以眼子菜、槐叶苹、荇菜、水烛等为优势种，如槐叶苹-浮萍群落、荇菜-欧菱群落、水烛-芦苇群落等。

2. 以沼泽植被类型为主

挠力河保护区植被类型以沼泽湿地类型为主,沼泽植被类型最多,所占面积最广。优势植物以莎草科、禾本科沼生、湿生植物为主:灰脉薹草、毛薹草、漂筏薹草、乌拉草、芦苇、狭叶甜茅等为建群种;伴生种也是湿生、沼生植物(如球尾花、燕子花、睡菜、驴蹄草等),如灰脉薹草-狭叶甜茅-小叶章沼泽、小叶章-芦苇-毛薹草沼泽、薹草-小叶章沼泽、灰脉薹草沼泽、乌拉草沼泽、毛薹草沼泽、漂筏薹草沼泽、狭叶甜茅沼泽、芦苇沼泽等。

第二节　沼泽湿地植物群落类型

一、灌丛生态系统

1. 越桔柳群落

越桔柳群落为灌丛群落,分布在保护区的胜利、八五九等地,群落总盖度可达100%,其中灌木层主要为越桔柳,盖度65%,高度不足1m,除越桔柳外,灌木层还有一定面积的沼柳混生。灌木层下主要有小叶章分布,盖度为35%,此外,还有灰脉薹草、乌拉草、芦苇、水蓼、稗、野慈姑及菰等伴生(表3-3)。

表3-3　越桔柳群落调查样方

物种	拉丁学名	盖度/%	数量	高度/cm
越桔柳	*Salix myrtilloides*	65	28	90
小叶章	*Deyeuxia angustifolia*	35	300	90

注:调查点位置:八五九,N47°19'7.719″,E134°8'39.2778″;群落盖度90%,积水深度2cm。

2. 沼柳群落

沼柳群落为灌丛群落,分布在保护区的胜利、八五九、七星河等地,群落总盖度可达100%,其中灌木层主要为沼柳,盖度65%,高度高达3m以上。灌木层下主要有乌拉草、小叶章分布,乌拉草盖度为20%(表3-4)。

表3-4　沼柳群落调查样方

物种	拉丁学名	盖度/%	数量	高度/cm
沼柳	*Salix rosmarinifolia* var. *brachypoda*	65	5	350
乌拉草	*Carex meyeriana*	20	300	65
小叶章	*Deyeuxia angustifolia*	5	35	90

注:调查点位置:八五九,N47°19'7.719″,E134°8'39.2778″;群落盖度98%,积水深度10cm。

二、草甸生态系统

1. 薹草-小叶章群落

该群落的优势种为薹草和小叶章,其中薹草主要为灰脉薹草和瘤囊薹草等密丛型薹草，形成斑点状草丘，草丘的高度为20～35cm，直径20～30cm，密度为40%～60%。小叶章主要分布在草丘顶部土壤水分略低的区域，盖度10%～40%。该群落伴生种较丰富，在水位较少处主要有稗、两栖蓼、车前、鬼针草、菵草等，在积水较深的群落常有睡莲、菰、鬼针草、毛水苏、狭叶甜茅等（表3-5、表3-6）。

表3-5 薹草-小叶章群落调查样方（1）

物种	拉丁学名	盖度/%	数量	高度/cm
灰脉薹草	*Carex appendiculata*	48	110	58
小叶章	*Deyeuxia angustifolia*	35	210	68
稗	*Echinochloa crusgalli*	15	10	65
两栖蓼	*Polygonum amphibium*	8	6	48
沼柳	*Salix rosmarinifolia* var. *brachypoda*	5	2	36
车前	*Plantago asiatica*	3	1	7
鬼针草	*Bidens pilosa*	4	2	11
菵草	*Beckmannia syzigachne*	3	5	39

注：调查点位置：七里沁湿地；群落盖度85%。

表3-6 薹草-小叶章群落调查样方（2）

物种	拉丁学名	盖度/%	数量	高度/cm
灰脉薹草	*Carex appendiculata*	90	300	120
小叶章	*Deyeuxia angustifolia*	15	230	45
睡莲	*Nymphaea tetragona*	5	4	8
菰	*Zizania latifolia*	3	4	100
鬼针草	*Bidens pilosa*	5	2	32
毛水苏	*Stachys baicalensis*	3	5	28
狭叶甜茅	*Glyceria spiculosa*	1	5	45

注：调查点位置：千鸟湖观景台附近；群落盖度95%，积水深度1cm。

2. 小叶章群落

小叶章群落分布于河滩和阶地。地表潮湿，土壤为草甸土。植物皆为草本植物，以中生植物和中湿生植物为主。该群落在保护区分布较广，在红卫、八五九、创业及千鸟湖等地均有分布。该类型群落总盖度80%～90%，高可达80～130cm，种类组成单一，常形成单优势种纯群落，群落种的饱和度一般为5～10种/m²。保护区内，小叶章可分别和菰、狭叶甜茅及漂筏薹草等形成混合群落。此外，在积水深处还有毛水苏、春蓼、球尾花、泽泻、荇菜、东北菱、芡实等伴生（表3-7～表3-13）。小叶章茎细叶多，草质柔软，表面光滑，粗蛋白质含量丰富，可达10%～14%，属优良牧草。

表3-7 小叶章群落调查样方（1）

物种	拉丁学名	盖度/%	数量	高度/cm
小叶章	*Deyeuxia angustifolia*	100	1200	55
菰	*Zizania latifolia*	2	1	50

注：调查点位置：红卫恢复湿地，N47°14′17.7612″，E133°27′10.4688″；群落盖度100%，积水深度0cm。
踏查：伴生卵穗荸荠、泽泻、问荆、芦苇、柳兰、春蓼、风花菜等。

表 3-8　小叶章群落调查样方（2）

物种	拉丁学名	盖度/%	数量	高度/cm
小叶章	*Deyeuxia angustifolia*	90	1000	52
灰脉薹草	*Carex appendiculata*	25	100	65

注：调查点位置：红卫恢复湿地，N47°14′17.7612″，E133°27′10.4688″，群落盖度100%，积水深度0cm。

表 3-9　小叶章群落调查样方（3）

物种	拉丁学名	盖度/%	数量	高度/cm
小叶章	*Deyeuxia angustifolia*	90	800	50
狭叶甜茅	*Glyceria spiculosa*	10	70	50

注：调查点位置：八五九，N47°19′7.719″，E134°8′39.2778″；群落盖度95%。

表 3-10　小叶章群落调查样方（4）

物种	拉丁学名	盖度/%	数量	高度/cm
小叶章	*Deyeuxia angustifolia*	95	2200	125
漂筏薹草	*Carex pseudocuraica*	20	230	45

注：调查点位置：创业，N47°13′45.71″，E133°12′39.45″；群落盖度100%，积水深度0cm。

表 3-11　小叶章群落调查样方（5）

物种	拉丁学名	盖度/%	数量	高度/cm
小叶章	*Deyeuxia angustifolia*	100	2800	63
毛水苏	*Stachys baicalensis*	8	24	31
春蓼	*Polygonum persicaria*	3	2	18
球尾花	*Lysimachia thyrsiflora*	7	3	19
泽泻	*Alisma plantago-aquatica*	8	3	20
荇菜	*Nymphoides peltata*	1	2	7
东北菱	*Trapa manshurica*	1	3	9
芡实	*Euryale ferox*	3	1	5

注：调查点位置：千鸟湖观景台附近，群落盖度100%。

表 3-12　小叶章群落调查样方（6）

物种	拉丁学名	盖度/%	数量	高度/cm
小叶章	*Deyeuxia angustifolia*	85	900	50
芦苇	*Phragmites australis*	23	28	70
鬼针草	*Bidens pilosa*	10	35	45
春蓼	*Polygonum persicaria*	3	1	50
毛水苏	*Stachys baicalensis*	5	6	35

注：调查点位置：千鸟湖观景台附近，群落盖度100%。

表 3-13　小叶章群落调查样方（7）

物种	拉丁学名	盖度/%	数量	高度/cm
小叶章	*Deyeuxia angustifolia*	100	1300	55
鬼针草	*Bidens pilosa*	3	7	45
小香蒲	*Typha minima*	3	2	110
野慈姑	*Sagittaria trifolia*	1	2	50
槐叶苹	*Salvinia natans*	5	15	1

注：调查点位置：千鸟湖观景台附近，群落盖度近100%。

3. 稗群落

稗群落仅在保护区七星农场的退耕恢复地有较大面积分布，是湿地恢复过程中的过渡植物群落，群落优势种为稗，盖度可达 60%，但群落中混生有一定盖度的灰脉薹草，经过长时间的植物演替，可演替为薹草群落。除稗和灰脉薹草外，群落中还有水蓼、泽芹、菵草、鬼针草、苍耳等分布（表 3-14）。

表 3-14 稗群落调查样方

物种	拉丁学名	盖度/%	数量	高度/cm
稗	*Echinochloa crusgalli*	60	80	60
灰脉薹草	*Carex appendiculata*	15	100	60
水蓼	*Polygonum hydropiper*	10	15	35
泽芹	*Sium suave*	4	2	30
菵草	*Beckmannia syzigachne*	10	15	35
鬼针草	*Bidens pilosa*	3	1	25

注：调查点位置：七星农场恢复地，N47°6′32.8176″，E132°53′55.5216″，群落盖度 85%，积水深度 20cm。

三、沼泽生态系统

1. 灰脉薹草群落

灰脉薹草群落是挠力河保护区的主要植物群落之一，群落以灰脉薹草为优势种，盖度一般在 50%左右，灰脉薹草为密丛型薹草，形成斑点状草丘，草丘的高度为 20～35cm，直径 20～30cm，密度为 40%～60%。该群落主要分布在河漫滩区域。在保护区的饶河农场、佳河大桥、胜利农场、七星农场恢复地、七里沁湿地等地均有分布。

灰脉薹草一般集中生长在地表长期积水的区域。但积水不深，一般为 5～30cm，地表由泥炭及草根层堆积形成，其厚度各地不一，一般为 50～200cm。适宜的土壤为泥炭沼泽土、泥炭土，呈微酸性反应，pH 为 6～7。群落植被盖度高于 70%，高 40～50cm。以灰脉薹草为单优势种，常伴生有瘤囊薹草和乌拉草，共同形成草丘（易富科，2008）。草丘上杂类草丰富，有湿生植物泽芹、东北沼委陵菜、春蓼；中生植物有小叶章、稗、车前、菵草、拂子茅等（表 3-15～表 3-18）。草丘间生长有沼生植物溪木贼、驴蹄草等。

表 3-15 灰脉薹草群落调查样方（1）

物种	拉丁学名	盖度/%	数量	高度/cm
灰脉薹草	*Carex appendiculata*	45	300	55
稗	*Echinochloa crusgalli*	25	35	35
春蓼	*Polygonum persicaria*	4	5	25
东北沼委陵菜	*Comarum palustre*	2	4	14
鬼针草	*Bidens pilosa*	3	3	24
旋覆花	*Inula japonica*	3	5	25

注：调查点位置：七星农场，N47°6′32.8176″，E132°53′55.5216″；群落盖度 85%，积水深度 10～15cm。

表 3-16 灰脉薹草群落调查样方（2）

物种	拉丁学名	盖度/%	数量	高度/cm
灰脉薹草	*Carex appendiculata*	65	300	55
春蓼	*Polygonum persicaria*	18	5	30
稗	*Echinochloa crusgalli*	4	6	35
苍耳	*Xanthium sibiricum*	2	1	20
鬼针草	*Bidens pilosa*	2	1	25
茵草	*Beckmannia syzigachne*	1	1	35

注：调查点位置：七星农场；群落盖度90%，积水深度5cm。
踏查：灰绿藜、蒿、飞蓬、葎草、蓟等。

表 3-17 灰脉薹草群落调查样方（3）

物种	拉丁学名	盖度/%	数量	高度/cm
灰脉薹草	*Carex appendiculata*	50	180	50
稗	*Echinochloa crusgalli*	5	17	50
茵草	*Beckmannia syzigachne*	3	9	36
车前	*Plantago asiatica*	5	1	63
春蓼	*Polygonum persicaria*	3	9	18
泽芹	*Sium suave*	10	15	60
拂子茅	*Calamagrostis epigeios*	3	11	80
鬼针草	*Bidens pilosa*	5	1	18
苍耳	*Xanthium sibiricum*	5	1	15

注：调查点位置：七里沁湿地大桥北；群落盖度75%，积水深度8cm。

表 3-18 灰脉薹草群落调查样方（4）

物种	拉丁学名	盖度/%	数量	高度/cm
灰脉薹草	*Carex appendiculata*	55	200	55
野慈姑	*Sagittaria trifolia*	3	5	25
泽泻	*Alisma plantago-aquatica*	2	2	30
小叶章	*Deyeuxia angustifolia*	15	80	45
泽芹	*Sium suave*	1	1	50

注：调查点位置：饶河；群落盖度85%，积水深度12cm。

2. 乌拉草沼泽

乌拉草群落是挠力河保护区薹草的又一主要类型，也为密丛型薹草，形成斑点状草丘，草丘的高度20～30cm。地表常年过湿，有季节性积水，积水时间较长，雨季积水，积水的深度达10cm左右，水的pH为5.6～6.7，呈微酸性。土壤为沼泽土或泥炭土（易富科，2008）。乌拉草与人参、貂皮并称为"东北三宝"，主要是由于其质地柔韧，在历史时期常被用来编制草鞋。与灰脉薹草相比，乌拉草叶细，色深，柔韧。常与小叶章混生，胜利一连附近的乌拉草群落植物组成相对简单，除小叶章外，群落常有野慈姑和毛水苏伴生（表3-19）。

表 3-19　乌拉草群落调查样方

物种	拉丁学名	盖度/%	数量	高度/cm
乌拉草	*Carex meyeriana*	60	200	55
小叶章	*Deyeuxia angustifolia*	10	80	50
野慈姑	*Sagittaria trifolia*	4	6	30
毛水苏	*Stachys baicalensis*	1	1	35

注：调查点位置：胜利一连；群落盖度 85%，积水深度 10cm。

3. 狭叶甜茅群落

狭叶甜茅群落主要分布在保护区的创业和雁窝岛等处，群落以狭叶甜茅为单优势种，盖度一般在 80%～100%，高度可达 80cm，常与菰、小叶章等形成混生群落。狭叶甜茅群落物种较简单，除狭叶甜茅、菰、小叶章外，还有鬼针草、菖蒲、毛水苏、灰脉薹草等（表 3-20～表 3-22）。

表 3-20　狭叶甜茅群落调查样方（1）

物种	拉丁学名	盖度/%	数量	高度/cm
狭叶甜茅	*Glyceria spiculosa*	100	2800	80
小叶章	*Deyeuxia angustifolia*	15	200	80
鬼针草	*Bidens pilosa*	1	5	5

注：调查点位置：创业，N47°13'45.71"，E133°12'39.45"；群落盖度 100%，积水深度 0cm。
踏查：菖蒲、毛水苏、香蒲等。

表 3-21　狭叶甜茅群落调查样方（2）

物种	拉丁学名	盖度/%	数量	高度/cm
狭叶甜茅	*Glyceria spiculosa*	95	1300	80
香蒲	*Typha orientalis*	15	9	90
菖蒲	*Acorus calamus*	8	3	75
灰脉薹草	*Carex appendiculata*	5	10	65
小叶章	*Deyeuxia angustifolia*	5	50	60
鬼针草	*Bidens pilosa*	10	23	25

注：位置：创业，N47°13'45.71"，E133°12'39.45"；群落盖度 100%，积水深度 0cm。

表 3-22　狭叶甜茅群落调查样方（3）

物种	拉丁学名	盖度/%	数量	高度/cm
狭叶甜茅	*Glyceria spiculosa*	85	1100	60
小叶章	*Deyeuxia angustifolia*	10	280	95
菰	*Zizania latifolia*	8	6	160
瘤囊薹草	*Carex schmidtii*	5	50	70

注：调查点位置：雁窝岛游客服务中心附近；群落盖度 95%，积水深度 15cm。

4. 漂筏薹草群落

漂筏薹草群落在保护区的创业农场有分布，该群落由漂筏薹草形成单优势种，根状茎较粗,地上匍匐茎水平伸长,长可达 1~2m,褐色或暗褐色。秆单生于节上,排列成行或 2~3 枚束生,高 15~40cm,扁三棱形,上部稍粗糙,下部生叶,基部叶鞘无叶片,灰褐色。该群落的伴生种有鬼针草、球尾花、狭叶甜茅、溪木贼、小叶章、睡菜、苍耳等(表 3-23)。

表 3-23　漂筏薹草群落调查样方

物种	拉丁学名	盖度/%	数量	高度/cm
漂筏薹草	*Carex pseudocuraica*	98	2300	45
鬼针草	*Bidens pilosa*	10	9	18
球尾花	*Lysimachia thyrsiflora*	2	3	50
狭叶甜茅	*Glyceria spiculosa*	3	15	30
溪木贼	*Equisetum fluviatile*	1	1	33
小叶章	*Deyeuxia angustifolia*	15	80	45
睡菜	*Menyanthes trifoliata*	8	14	30
苍耳	*Xanthium sibiricum*	1	1	20

注:调查点位置:创业,N47°13'45.71″,E133°12'39.45″;群落盖度100%,积水深度2cm。
踏查:毛水苏、茵草、沼柳、苍耳、菖蒲、春蓼、野慈姑、泽芹等。

5. 毛薹草群落

毛薹草具长的地下匍匐茎,较粗壮。秆高 45~60cm,略呈锐三棱形,具叶,上部粗糙,基部具淡红褐色无叶片的鞘,具有通气组织,可在积水条件下生长,不形成草丘,盖度可达 90%以上,高度为 80cm。群落结构较简单,毛薹草为单优势种,伴生种主要为球尾花、北方拉拉藤、繁缕等(表 3-24)。在保护区的创业、长林岛等地有分布。

表 3-24　毛薹草种群调查样方

物种	拉丁学名	盖度/%	数量	高度/cm
毛薹草	*Carex lasiocarpa*	98	1000	80
球尾花	*Lysimachia thyrsiflora*	3	3	45
北方拉拉藤	*Galium boreale*	1	7	40
繁缕	*Stellaria media*	1	6	50

注:调查点位置:创业,N47°13'45.71″,E133°12'39.45″;群落盖度100%,积水深度0cm。

6. 芦苇群落

保护区内有多处芦苇群落的分布区,该群落一般分布于积水较深的区域,在红卫恢复湿地、创业和千鸟湖等地均有分布。群落总盖度达 90%,以芦苇为单一优势种。芦苇高度平均达 160cm,最高达 200cm 以上。群落分为两层,顶层以芦苇为单优势种,盖度达 75%,下层伴生有小叶章、水蓼、稗、风花菜和狗尾草等(表 3-25~表 3-28)。

7. 香蒲群落

香蒲群落多分布在积水较深的区域,在保护区的创业有分布群落。以香蒲为优势种形成的沼泽湿地，群落总盖度80%以上，其中香蒲为优势种，盖度可达80%，平均高度120cm；群落中植被种类较少，伴生种主要有菖蒲、芦苇、泽泻、水葱、野慈姑等（表3-29）。

表3-25　芦苇群落调查样方（1）

物种	拉丁学名	盖度/%	数量	高度/cm
芦苇	*Phragmites australis*	75	52	185
狗尾草	*Setaria viridis*	3	30	7
风花菜	*Rorippa globosa*	2	8	5

注：调查点位置：红卫恢复湿地，N47°14′17.7612″，E133°27′10.4688″；群落盖度80%，积水深度0cm。

表3-26　芦苇群落调查样方（2）

物种	拉丁学名	盖度/%	数量	高度/cm
芦苇	*Phragmites australis*	70	55	160
小叶章	*Deyeuxia angustifolia*	35	320	120

注：调查位置：红卫恢复湿地，N47°14′17.7612″，E133°27′10.4688″；群落盖度90%，积水深度0cm。
踏查：零星分布有香蒲群落、乌苏里薹草群落、菰群落、荇菜群落、稗群落。

表3-27　芦苇群落调查样方（3）

物种	拉丁学名	盖度/%	数量	高度/cm
芦苇	*Phragmites australis*	80	75	140
稗	*Echinochloa crusgalli*	35	280	20
水蓼	*Polygonum hydropiper*	16	14	27
鬼针草	*Bidens pilosa*	5	8	24

注：调查点位置：创业，N47°13′45.71″，E133°12′39.45″；群落盖度95%，积水深度0cm。
踏查：地笋、野慈姑、泽泻、小叶章、菰、球尾花等。

表3-28　芦苇群落调查样方（4）

物种	拉丁学名	盖度/%	数量	高度/cm
芦苇	*Phragmites australis*	94	800	100
小叶章	*Deyeuxia angustifolia*	3	9	53

注：调查点位置：千鸟湖观景台附近；群落盖度95%，积水深度45cm。

表3-29　香蒲群落调查样方

物种	拉丁学名	盖度/%	数量	高度/cm
香蒲	*Typha orientalis*	80	30	120

注：调查点位置：创业，N47°13′45.71″，E133°12′39.45″；群落盖度80%，积水深度40cm。
踏查：泽泻、水葱、野慈姑、菖蒲、野大豆等。

8. 菰群落

菰为多年生植物，具匍匐根状茎。秆高大直立，高1～2m，叶舌膜质。菰群落在保护区内雁窝岛和千鸟湖都有分布。在沼泽湿地较外缘，积水深度不超过40cm的区域，菰群落中分布有水蓼、球尾花、地笋和小叶章，但在靠近沼泽湿地中心区的深水区，菰群落中有荇菜、东北菱等浮水植物生长（表3-30、表3-31）。

表 3-30 菰群落调查样方（1）

物种	拉丁学名	盖度/%	数量	高度/cm
菰	*Zizania latifolia*	75	45	170
水蓼	*Polygonum hydropiper*	13	17	35
球尾花	*Lysimachia thyrsiflora*	18	39	30
地笋	*Lycopus lucidus*	5	20	12
小叶章	*Deyeuxia angustifolia*	13	120	110

注：调查点位置：千鸟湖大水闸附近；群落盖度85%，水深度50cm。

表 3-31 菰群落调查样方（2）

物种	拉丁学名	盖度/%	数量	高度/cm
菰	*Zizania latifolia*	85	170	150
小叶章	*Deyeuxia angustifolia*	13	200	55
荇菜	*Nymphoides peltatum*	68	10	1

注：调查点位置：雁窝岛；群落盖度90%。湖心岛中的水生植物主要为菰群落和荇菜群落，伴生种为东北菱。

四、浅水水域生态系统

1. 香蒲-芦苇群落

在挠力河流域河岸两侧，在积水深度达到1m左右的浅水生态系统中，分布有香蒲-芦苇群落。香蒲-芦苇群落通常呈现条带状或点状分布，且通常以单优种群的形式出现。在香蒲-芦苇群落中，主要伴生种为水葱、狸藻等适应较深水位的湿地物种（表3-32、表3-33）。在香蒲-芦苇混合群落中，一般香蒲种群集中在向水一侧，而芦苇种群集中在向路一侧。但也有香蒲群落或芦苇群落单独分布在较深水域，形成单优群落。该类群落在保护区也较常见，如较广泛分布于长林岛、千鸟湖等湿地区。

表 3-32 香蒲-芦苇群落调查样方（1）

植物种名	拉丁学名	盖度/%	高度/cm	数量
香蒲	*Typha orientalis*	30	190	17
芦苇	*Phragmites australis*	15	160	25
水蓼	*Polygonum hydropiper*	1	60	2
狸藻	*Utricularia vulgaris*	5	1	50

注：调查点位置：长林岛；群落盖度85%，积水深度100cm。

表 3-33 香蒲-芦苇群落调查样方（2）

植物种名	拉丁学名	盖度/%	高度/cm	数量
香蒲	*Typha orientalis*	30	170	18
芦苇	*Phragmites australis*	20	70	12
狸藻	*Utricularia vulgaris*	1	1	7
水葱	*Schoenoplectus tabernaemontani*	1	140	1

注：调查点位置：千鸟湖；群落盖度90%，积水深度100cm。

2. 芡实-东北菱群落

芡实为一年生大型水生草本，分布在保护区的雁窝岛、千鸟湖、佳河等地的浅水区。主要伴生种为东北菱（表3-34～表3-36）。

表3-34 芡实-东北菱群落调查样方（1）

植物种名	拉丁学名	盖度/%	高度/cm	数量
芡实	Euryale ferox	60	1	32
东北菱	Trapa manshurica	5	1	4

注：调查点位置：雁窝岛；群落盖度60%，积水深度150cm。

表3-35 芡实-东北菱群落调查样方（2）

植物种名	拉丁学名	盖度/%	高度/cm	数量
芡实	Euryale ferox	40	1	35
东北菱	Trapa manshurica	7	1	8

注：调查点位置：千鸟湖；群落盖度50%，积水深度150cm。

表3-36 芡实-东北菱群落调查样方（3）

植物种名	拉丁学名	盖度/%	高度/cm	数量
芡实	Euryale ferox	70	1	32

注：调查点位置：千鸟湖；群落盖度50%，积水深度150cm。

3. 荇菜-东北菱-睡莲群落

荇菜生于保护区的平稳水域，在保护区的长林岛、雁窝岛、千鸟湖、佳河等地均有分布。积水深度为20～100cm；其根和横走的根茎生长于底泥中，茎枝悬于水中，生出大量不定根，叶和花飘浮水面。水涸后，其茎枝可在泥面匍匐生根，向四周蔓延生长。通常群生，呈单优势群落。与它混生的水生植物有睡莲、狐尾藻、金鱼藻、浮萍、东北菱、苦草和菖蒲等（表3-37）。

表3-37 荇菜-东北菱-睡莲群落调查样方

植物种名	拉丁学名	盖度/%	高度/cm	数量
睡莲	Nymphaea tetragona	25	1	6
荇菜	Nymphoides peltata	15	1	25
品藻	Lemna trisulca	15	1	200

注：调查点位置：佳河；群落盖度50%，积水深度150cm。

4. 莲（荷花）群落

莲（荷花）是挠力河保护区的重要观赏植物，分布在保护区的雁窝岛、千鸟湖等地。多为人工种植，供观赏用，群落结构十分单一，常形成单一群落，群落盖度一般在90%以上，高度1.3m左右。

5. 眼子菜群落

眼子菜为浮水植物，一般生于积水环境，浮于水面。积水深度 30cm 至 1m 均可生长。挠力河保护区眼子菜有穿叶眼子菜、光叶眼子菜、竹叶眼子菜等，分布在保护区的长林岛、千鸟湖、雁窝岛等地。眼子菜常与狸藻、狐尾藻等混生（表 3-38、表 3-39）。

表 3-38　穿叶眼子菜群落调查样方

植物种名	拉丁学名	盖度/%	高度/cm	数量
穿叶眼子菜	*Potamogeton perfoliatus*	40	1	300
狸藻	*Utricularia vulgaris*	10	1	50
荇菜	*Nymphoides peltata*	5	1	15

表 3-39　光叶眼子菜群落调查样方

植物种名	拉丁学名	盖度/%	高度/cm	数量
光叶眼子菜	*Potamogeton lucens*	25	1	55
狸藻	*Utricularia vulgaris*	5	1	30
穿叶眼子菜	*Potamogeton perfoliatus*	3	1	12

第三节　湿地植物资源

挠力河流域湿地的高等植物，不仅是组成区域湿地植被的重要成分，在植被类型中发挥其不同的生态功能和生态价值，而且具有其独特的经济价值和社会价值。各种湿地植被类型中的植物，无论是建群种、优势种，还是伴生种、特征种，都具有不同的功能和利用价值，是生物资源中最重要的部分——植物资源。

人和动物的生存都离不开植物。众所周知，植物是地球上第一性生产者，能直接利用太阳能，并将太阳能转化为化学能加以储备，在一定条件下释放出来或转化为热能，是所有动物赖以生存的物质基础。

植物资源是可再生资源，人类要想持续利用植物资源，就要维护植物资源不断更新的生产能力；植物资源又具有可解体性，当人类干扰等原因危及植物生存，植物个体数减少到一定限度时，该植物遗传基因库面临危机，最终导致植物物种解体。而物种的解体就是资源的解体，因为物种灭绝之后是不可再生的。

挠力河流域资源植物丰富，蕴藏量大。野生植物资源一般按植物种性质和用途进行分类，即食用植物资源、药用植物资源、工农业原料用植物资源、观赏和美化环境用植物资源等。目前已利用的部分多属于野菜、野果、蜜源、医药、薪炭、木材和饲料植物等，还有多种资源植物至今利用不多或从未利用。根据上述 4 种分类介绍挠力河保护区资源植物，并结合相关文献资料，分别列出部分植物资源名录。

一、食用植物资源

世界上除了被人们驯化引种的蔬菜外，还有种类丰富的可食用野生植物（主要是指野菜类、淀粉类、油脂类等资源植物）。野菜类即幼苗、嫩叶、花蕾、茎、根、根茎、鳞茎等可供食用的野生植物；淀粉类植物是指果实、种子以及块根、块茎、鳞茎、根茎、根等各部分含有丰富淀粉的野生植物；油脂类植物是指种子含有丰富的油脂类化合物的野生植物，具体见表3-40。

表 3-40　挠力河流域湿地食用植物资源

植物名称（拉丁学名）	经济用途	分布
球序韭（*Allium thunbergii*）	食用	草甸、田间
小黄花菜（*Hemerocallis minor*）	食用	草甸
广布野豌豆（*Vicia cracca*）	油脂	草甸、灌丛
马齿苋（*Portulaca oleracea*）	食用	荒地、路旁
山黧豆（*Lathyrus quinquenervius*）	油脂	草甸
东北菱（*Trapa manshurica*）	淀粉	泡沼
水芹（*Oenanthe javanica*）	食用	沼泽
水苏（*Stachys japonica*）	油脂	湿地
稗（*Echinochloa crusgalli*）	淀粉	草甸
车前（*Plantago asiatica*）	油脂	草甸、路旁
沼生蔊菜（*Rorippa islandica*）	食用	湿地
红蓼（*Polygonum orientale*）	淀粉	湿甸
东北蒲公英（*Taraxacum ohwianum*）	食用	草甸、路旁
平车前（*Plantago depressa*）	油脂	草地、路旁
刺儿菜（*Cirsium arvense* var. *integrifolium*）	食用	草甸、路旁
莲（*Nelumbo nucifera*）	淀粉	泡沼
野大豆（*Glycine soja*）	油脂	草甸、路旁

二、药用植物资源

世界上许多医药是从植物、动物和微生物中提取有用的物质制成的。药用植物是指那些具有特殊化学成分，并有医疗作用的植物，习称中草药植物。世界卫生组织已确定了 20 000 种药用植物，其中只有 200 种做过较详尽的研究。可见本区植物资源具有很大的开发潜力。

我国植物药用历史源远流长，为世界医药事业作出了巨大贡献。东北是中药材"北药"的重要产区之一。据不完全统计，东北三省有药用野生种子植物 1200 余种，其中名贵野生植物中药材 180 种，已列入《中华人民共和国药典》。据初步研究，三江平原有药用植物 400 余种（周瑞昌等，1991），挠力河流域的药用植物比较丰富，具体见表 3-41。

表 3-41　挠力河流域湿地药用植物资源

植物名称（拉丁学名）	经济用途	分布
问荆（*Equisetum arvense*）	药用	湿地、林缘
木贼（*Equisetum hyemale*）	药用	湿地、林缘
槐叶苹（*Salvinia natans*）	药用	泡沼、池塘
二歧银莲花（*Anemone dichotoma*）	药用	草甸

续表

植物名称（拉丁学名）	经济用途	分布
短瓣金莲花（*Trollius ledebouri*）	药用	草甸
灰莲蒿（*Artemisia gmelinii* var. *incana*）	药用	草甸
小香蒲（*Typha minima*）	药用	沼泽
马蔺（*Iris lactea*）	药用	草甸
车前（*Plantago asiatica*）	药用	草甸、路旁
狼毒（*Euphorbia fischeriana*）	药用	草甸、林缘
艾（*Artemisia argyi*）	药用	草甸、路旁
芦苇（*Phragmites australis*）	药用	泡沼
苍耳（*Xanthium sibiricum*）	药用	田间、路旁
细叶鸢尾（*Iris tenuifolia*）	药用	沙质地
水烛（*Typha angustifolia*）	药用	沼泽
香蒲（*Typha orientalis*）	药用	沼泽
猪毛蒿（*Artemisia scoparia*）	药用	草甸、路旁
黄花蒿（*Artemisia annua*）	药用	草甸、路旁
狭叶黄芩（*Scutellaria regeliana*）	药用	草地

三、工农业原料用植物资源

在人类文明的一定阶段，野生植物资源在工业、农业方面开始得到利用。到了近代工业革命之后，对各种野生植物资源的需求随之加剧，如油料、染料、橡胶、蜡、薪炭、饲料、纤维、树脂、单宁、肥料、木材等都是植物提供的产品。目前，利用集约化生物工程以求最大限度的商业利润，已成为工业利用野生植物资源的新领域，亦是解决人类资源危机的新曙光。在自然界中，可供人类工农业利用的野生植物资源的潜力是巨大的，有待人类去发现、研究和开发。挠力河流域主要可供工农业原料用植物资源目前已发现有十几种（表3-42）。

表3-42　挠力河流域湿地工农业原料用植物资源

植物名称（拉丁学名）	经济用途	分布
大叶章（*Deyeuxia purpurea*）	造纸、饲草	草甸
小叶章（*Deyeuxia angustifolia*）	造纸、饲草	草甸
马蔺（*Iris lactea*）	造纸、编织	盐碱地
白桦（*Betula platyphylla*）	材用	岛状林
芦苇（*Phragmites australis*）	造纸、编织	泡沼
东北薹草（*Scirpus radicans*）	造纸、编织	泡沼
拂子茅（*Calamagrostis epigeios*）	造纸、饲草	草甸、路旁
水烛（*Typha angustifolia*）	编织、药用	泡沼
扁秆荆三棱（*Bolboschoenus planiculmis*）	造纸、编织	沼泽
宽叶香蒲（*Typha latifolia*）	造纸、编织	沼泽
荻（*Miscanthus sacchariflorus*）	造纸、编织	草甸、湿地
假苇拂子茅（*Calamagrostis pseudophragmites*）	造纸、饲草	草甸、湿地
藨草（*Scirpus triqueter*）	造纸、编织	湿地

四、观赏和美化环境用植物资源

随着各地经济的发展和人民生活水平的提高，人们的审美意识、环境意识不断提高，对观赏和城市绿化、美化植物的要求日益增加。人们开始懂得保护自然环境，美化自然环境，按自然规律办事。利用植物改造环境，治理污染，进行环境监测，这是人们利用植物资源的新进展。挠力河流域主要可供观赏和美化环境用植物资源有十几种，具体见表 3-43。

表 3-43　挠力河流域湿地观赏和美化环境用植物资源

植物名称（拉丁学名）	经济用途	分布
大花千里光（*Senecio megalanthus*）	观赏	草甸
野苏子（*Pedicularis grandiflora*）	观赏	沼泽
旋覆花（*Inula japonica*）	观赏	草甸、路旁
狗舌草（*Tephroseris kirilowii*）	观赏	湿地
线叶旋覆花（*Inula linariifolia*）	观赏	湿地
狭叶黄芩（*Scutellaria regeliana*）	观赏	草地
黄连花（*Lysimachia davurica*）	观赏	草甸、路旁
紫菀（*Aster tataricus*）	观赏	草甸
蓬子菜（*Galium verum*）	观赏	草甸
越桔柳（*Salix myrtilloides*）	绿化、环保	沼泽
细叶沼柳（*Salix rosmarinifolia*）	绿化、环保	沼泽
沼柳（*Salix rosmarinifolia* var. *brachypoda*）	绿化、环保	沼泽
白桦（*Betula platyphylla*）	绿化	岛状林

第四节　珍稀濒危植物现状

经查阅相关资料，挠力河保护区生长有国家重点保护的一级保护植物貉藻，二级保护植物浮叶慈姑、乌苏里狐尾藻、野大豆等。本次对挠力河保护区湿地的调查发现，该区域湿地中有国家二级保护植物 2 种，为野大豆和乌苏里狐尾藻（表 3-44）。

表 3-44　挠力河保护区国家级重点保护植物

保护级别	科	种	拉丁学名	类别
国家二级	豆科	野大豆	*Glycine soja*	渐危
国家二级	小二仙草科	乌苏里狐尾藻	*Myriophyllum ussuriense*	渐危

野大豆：别名野毛豆、乌豆；豆科（Leguminosae）；国家二级保护，渐危种。

形态特征：一年生缠绕性草本，主根细长，可达 20cm 以上，侧根稀疏，蔓茎纤细，略带四棱形，密披浅黄色、紧贴长硬毛。叶互生，3 小叶，总叶柄长 2～5.5cm，被浅黄色硬毛；小叶片长卵状披针形、披针状长椭圆形或为卵形，长 2～6.5cm，宽 1～3.5cm，基部菱状楔形、宽楔形或近圆形，先端渐尖或少有钝状，并具短尖头，侧生小叶片基部常偏斜，表面绿色，背面浅绿色，两面均有浅黄色紧贴硬毛，叶脉于两面稍隆起，全缘，小叶柄根短,密披棕褐色硬毛,基部具小托叶,细小而呈针状。花蝶形,淡红紫色,腋生总状花序,花萼钟状,5 裂,旗瓣近圆形,雄蕊常为 10 枚,单体。子房上位,1 室。荚果线状长椭圆形,略弯曲,种子 2~4 粒。

生境与分布:野大豆分布在中国从寒温带到亚热带的广大地区,喜水耐湿,多生于山野以及河流沿岸、湿草地、湖边、沼泽附近或灌丛中,稀见于林内和风沙干旱的沙荒地。山地、丘陵、平原可见其缠绕他物生长。在保护区内较为常见,生于河漫滩、路边,甚至田边。

乌苏里狐尾藻:别名三裂狐尾藻、乌苏里聚藻、乌苏里金鱼藻;小二仙草科(Haloragidaceae);国家二级保护,渐危种。

形态特征:多年生水生草本,根状茎发达,生于水底泥中,节部生多数须根。茎圆柱形,常单一不分枝,长 6~25 厘米。水中茎中下部叶 4 片轮生,有时 3 片轮生,广披针形,长 5~10mm,羽状深裂,裂片短,对生,线形,全缘;茎上部水面叶仅具 1~2片,极小,细线状;苞片小,全缘,较花为短;茎叶中均具簇晶体。花单生于叶腋,雌雄异株,无花梗。雄花:萼钟状;花瓣 4,倒卵状长圆形,长约 2.5mm;雄蕊 8 或 6,花丝丝状,花药椭圆形、淡黄色。雌花:萼壶状,与子房合生,具极小的裂片;花瓣早落;子房下位,4 室,四棱形;柱头 4 裂,羽毛状。果圆卵形,长约 1mm,有 4 条浅沟,表面具细疣,心皮之间的沟槽明显。花期 5~6 月,果期 6~8 月。

生境与分布:产于黑龙江、吉林、河北、安徽、江苏、浙江、台湾、广东、广西等省(自治区)。俄罗斯、朝鲜、日本等国也有分布。生于小池塘或沼泽水中。

第五节 湿地植被空间分布

一、湿地植被分类

遥感技术是目前进行地表资源调查与研究的主要手段,而基于像元的统计分类技术已经比较成熟,在许多领域取得了较好的应用效果。但由于湿地处于水陆交汇地带,纹理及光谱信息复杂多变,与森林、草地等生态系统相比,已有方法的信息提取自动化程度还有待于提高。黑龙江省挠力河地区湿地分布面积大,湿地植被类型丰富,仅依靠目视解译和手工勾绘方法提取相关信息,其工作量将非常大,而且目视解译结果的精度难以保证。为此,利用面向对象分割-Random Forest 分类结合的方法,按类型及目标权重逐级提取的方法,对挠力河保护区沼泽湿地植被群落信息进行半自动提取。

二、分 类 方 法

近年来,基于面向对象的分类方法已成为研究热点,其主要流程是首先将图像分割成具有一定意义的对象,然后综合运用对象的光谱、形状及邻近关系等特征进行分类。该方法考虑了更多的判别特征,接近人的目视解译思维习惯,为信息提取提供了一种新的思维方法。随机森林(Random Forest, RF)是由 LeoBreiman 与 AdeleCutler 于 2001年提出的,它是一个以决策树为基础分类器的集成分类器。随机森林比单棵的决策树更稳健,泛化性能好,是一种很有发展潜力的优秀机器学习方法。由于单一方法均有其局限性，难以独自完成挠力河保护区湿地植被分类任务。因此，本研究采用面向对象分割的方法，对研究区林地、草地、居民地、河流与湖泊、沼泽湿地、盐碱地等主要类型进行分割提取，在此基础上，将地形数据、NDVI 数据与遥感数据集成为栅格数据集，利用 RF 分类的方法，结合使用 GPS 与现场采集的湿地植被群落分布样点，进行湿地植被群落分类，并使用部分样点数据进行精度验证。具体操作过程详见图 3-2。

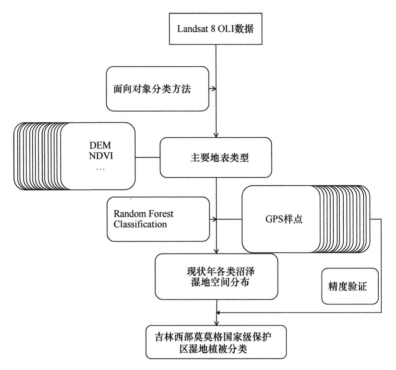

图 3-2　面向对象分割-Random Forest 分类结合的方法技术流程

三、数　据　源

Landsat 系列最新卫星 Landsat 8 于 2013 年 2 月 11 日发射，携带有 OLI 陆地成像仪和 TIRS 热红外传感器，Landsat 8 的 OLI 陆地成像仪包括 9 个波段，OLI 除了包括 ETM+传感器所有的波段外，还有两个新增的波段：蓝色波段（band 1，0.433～0.453μm）主要应用于海岸带观测，短波红外波段（band 9，1.360～1.390μm）包括水汽强吸收特征，可用于云检测。根据本项目的研究目标，选择中尺度的 Landsat 8 OLI 数据作为主要的遥感数据，影像成像时期为 2016 年 8 月植被生长季，可较好反映一年中湿地植被覆盖程度，代表年度植被状况。在对遥感数据进行几何精校正后，对所有遥感数据进行预处理，包括数据导入（import）、多波段图像的彩色合成（utilities）、图像裁切（subset）、图像的几何校正（geometric correction）等处理后，在 Envi 环境下，利用 Gram-Schmidt Pan Sharp 算法，对多光谱波段进行空间增强，将空间分辨率提高至 15m。处理结果如图 3-3 所示。其他辅助数据为 30m 分辨率 Aster DEM v2 数据以及归一化植被指数（normalized differential vegetation index，NDVI）数据（图 3-4）。

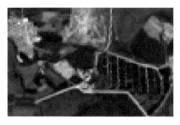

图 3-3　Landsat 8 OLI 数据多光谱、全色及融合结果

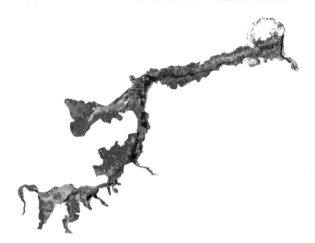

图 3-4　挠力河保护区 NDVI 数据

四、分类结果及精度分析

面向对象方法一级分类结果如图 3-5 所示。

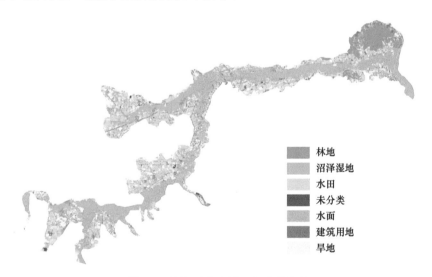

林地

沼泽湿地

水田

未分类

水面

建筑用地

旱地

图 3-5　面向对象方法一级分类结果

Random Forest Classification 二级分类结果如图 3-6 所示。

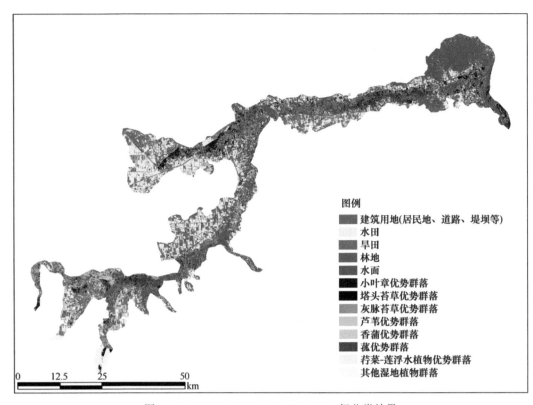

图例

- 建筑用地(居民地、道路、堤坝等)
- 水田
- 旱田
- 林地
- 水面
- 小叶章优势群落
- 塔头苔草优势群落
- 灰脉苔草优势群落
- 芦苇优势群落
- 香蒲优势群落
- 菰优势群落
- 荇菜-莲浮水植物优势群落
- 其他湿地植物群落

0   12.5   25   50
                          km

图 3-6   Random Forest Classification 二级分类结果

为了分析分类结果的精度，采用野外采集 GPS 样点进行检验。检验结果如表 3-45 所示。精度结果表明，总体精度较高，达到 87.8%。各类型中，精度最高的为河流与湖泊，精度达到 100%；其次为建筑用地和水田。与其他类型相比，沼泽湿地分类精度整体偏低，为 71.0%，主要是由于各类沼泽湿地植被光谱与形状特征十分接近所引起的。

表 3-45   面向对象分割-Random Forest 分类结合的方法分类结果精度检验

类型		样点数	错误数	各类精度/%		总体精度/%
建筑用地		31	1	96.8		
水田		24	3	87.5		
有林地		28	4	85.7		
河流与湖泊		17	0	100.0		
旱地		14	2	85.7		
沼泽湿地	菰群落	34	11	67.6		87.8
	芦苇群落	41	13	68.3		
	香蒲群落	55	9	83.6		
	小叶章群落	39	15	61.5	71.0	
	灰脉薹草群落	38	9	76.3		
	塔头薹草群落	47	12	74.5		
	荇菜-睡莲浮水植物群落	35	11	68.6		
	杂草群落	28	9	67.9		

五、景观格局分析

对挠力河保护区土地覆被格局（表 3-46）进行分析可知，挠力河保护区总面积为 1606.1hm^2。各景观类型中，淡水沼泽为保护区内的主要景观类型，其面积为 558.4× 10^{2}hm^2，占总面积的 34.8%；其次为水田，面积为 500.26×10^{2}hm^2，占总面积的 31.1%；旱地面积为 203.3×10^{2}hm^2，占总面积的 12.7%；而河流明水面面积为 139.2×10^{2}hm^2，占总面积的 8.7%；有林地面积为 141.1×10^{2}hm^2，占总面积的 8.8%；建筑用地最少，其面积为 63.8×10^{2}hm^2，占总面积的 4.0%。对淡水沼泽湿地植被群落分类统计结果显示，小叶章群落湿地、芦苇群落湿地和塔头薹草群落湿地为优势类型，面积分别为 184.8× 10^{2}hm^2、131.5×10^{2}hm^2 和 76.6×10^{2}hm^2，三个类型占淡水沼泽湿地总面积的 70.4%。其次为菰群落沼泽、香蒲群落沼泽，面积分别为 59.4×10^{2}hm^2 和 56.7×10^{2}hm^2，分别占淡水沼泽湿地总面积的 10.6%和 10.2%。而灰脉薹草群落沼泽、荇菜-睡莲浮水植物群落沼泽和杂草群落沼泽面积分别为 9.9×10^{2}hm^2、27×10^{2}hm^2 和 12.5×10^{2}hm^2，占淡水沼泽湿地总面积的 1.8%、4.8%和 2.2%。

表 3-46 挠力河保护区各类型分布面积

类型		面积/10^{2}hm^2
非沼泽类型	水田	500.26
	旱地	203.3
	有林地	141.1
	水面	139.2
	建筑用地	63.8
淡水沼泽	菰群落	59.4
	芦苇群落	131.5
	香蒲群落	56.7
	小叶章群落	184.8
	灰脉薹草群落	9.9
	塔头薹草群落	76.6
	荇菜-睡莲浮水植物群落	27
	杂草群落	12.5
合计		1606.01

第六节 本 章 小 结

一、挠力河保护区湿地植物群落类型概况

挠力河保护区湿地植被具有类型多样、以沼泽湿地植物为主的特征。湿地植被类型包括灌丛、草甸、沼泽和浅水湿地 4 种，每个植被类型又包括数个群系和更多群落。优势植物以莎草科、禾本科沼生、湿生植物为主，建群种包括灰脉薹草、毛薹草、漂筏薹草、乌拉草、芦苇、狭叶甜茅等；伴生种也是以湿生、沼生植物为主，如球尾花、燕子花、睡菜、驴蹄草等。典型群落类型包括灰脉薹草-狭叶甜茅-小叶章沼泽、小叶章-芦苇-

毛薹草沼泽、薹草-小叶章沼泽、灰脉薹草沼泽、乌拉草沼泽、毛薹草沼泽、漂筏薹草沼泽、狭叶甜茅沼泽、芦苇沼泽等。

二、挠力河保护区湿地植被空间分布概况

挠力河保护区总面积为 1606.1hm^2。淡水沼泽为保护区内的主要景观类型，其面积为 558.4×10^{2}hm^2，占总面积的 34.8%；其次为水田，面积为 500.26×10^{2}hm^2，占总面积的 31.1%；旱地面积为 203.3×10^{2}hm^2，占总面积的 12.7%；河流明水面面积为 139.2×10^{2}hm^2，占总面积的 8.7%；有林地面积为 141.1×10^{2}hm^2，占总面积的 8.8%；建筑用地最少，其面积为 63.8×10^{2}hm^2，占总面积的 4.0%。对沼泽湿地植被群落分类统计结果显示，小叶章群落、芦苇群落和塔头薹草群落为优势类型，面积分别为 184.8×10^{2}hm^2、131.5×10^{2}hm^2 和 76.6×10^{2}hm^2，占沼泽湿地总面积的 70.4%。其次为菰群落、香蒲群落，面积分别为 59.4×10^{2}hm^2 和 56.7×10^{2}hm^2，占淡水沼泽湿地总面积的 10.6% 和 10.2%。而灰脉薹草群落、荇菜-睡莲浮水植物群落和杂草群落面积分别为 9.9×10^{2}hm^2、27×10^{2}hm^2 和 12.5×10^{2}hm^2，占淡水沼泽湿地总面积的 1.8%、4.8% 和 2.2%。

三、挠力河保护区湿地维管植物概况

2015~2016 年，对挠力河保护区野生维管植物资源进行调查，主要包括湿地植物，兼顾农田、林下等非湿地植物。结果显示，挠力河保护区共有野生维管植物 56 科 223 种。被子植物为主（53 科 218 种），占本次调查全部种类的 98%，以湿生和水生植物（挺水、浮叶、漂浮、沉水植物）为主。其中，双子叶植物 36 科 137 种，以菊科、蓼科、豆科、蔷薇科、毛茛科为主。单子叶植物 17 科 81 种，以莎草科、禾本科为主。蕨类植物共 3 科 5 种。莎草科、禾本科、毛茛科和菊科 4 科在本区湿地植物中处于优势地位，莎草科和禾本科的一些物种是本区湿地建群种或优势种，菊科和毛茛科等植物以群落伴生种出现。眼子菜科、浮萍科、小二仙草科等在浅水生态系统中占优势。

四、挠力河保护区湿地植物资源概况

挠力河流域资源植物丰富，蕴藏量大。按植物种性质和用途进行分类，挠力河流域野生植物资源可以分为食用、药用、工农业原料用、观赏和美化环境用植物资源 4 类。目前该区已探明食用植物资源 17 种、药用植物资源 19 种、工农业原料用植物资源 13 种、观赏和美化环境用植物资源 13 种。目前已利用的部分多属于野菜、野果、蜜源、医药、薪炭、木材和饲料植物等。结合相关资料发现，挠力河流域现有国家一级保护植物貉藻 1 种，国家二级保护植物浮叶慈姑、乌苏里狐尾藻、野大豆 3 种。

参 考 文 献

郎惠卿. 1999. 中国湿地植被. 北京: 科学出版社.

吕宪国. 2005. 湿地生态系统观测方法. 北京: 中国环境科学出版社.

易富科. 2008. 中国东北湿地野生维管束植物. 北京: 科学出版社.

周瑞昌, 王永吉, 王家绪, 等. 1991. 三江平原地区的资源植物. 国土与自然资源研究, 3: 59-67.

第四章　湿地动物资源

第一节　野生动物栖息地概况

挠力河保护区生境多样，保护区内拥有大面积的沼泽、水域、草甸、灌丛及森林，景观类型多样，动物资源非常丰富。

一、沼　　泽

该类型植被多分布于挠力河两岸，以湿生和沼生植物为主。土壤为沼泽土，地表常积水，致使一些湿生、沼生植物得以生长，而其他植物则难以生存。该类型植被的种类组成和季相变化相对简单，常见的植物有芦苇、薹草、蚊子草、睡菜、黑三棱、燕子花、溪木贼等（吴征镒，1980）。沼泽的复杂性使得野生动物种类数量繁多，而且以湿地鸟类为主。常见鸟类有灰雁、绿头鸭、斑嘴鸭、绿翅鸭、鸳鸯等雁鸭类，泽鹬、白腰草鹬、凤头麦鸡、黑翅长脚鹬等鸻鹬类。春季本生境内数量较大的鸟类主要是灰鹡鸰、白鹡鸰、黄胸鹀、黑眉苇莺等。而鹳形目中的苍鹭、大白鹭等为最常见的大型涉禽。两栖类主要栖息于湿地生境中，常见种类有黑斑侧褶蛙、黑龙江林蛙等。本生境中兽类较少。

二、水　　域

本区水域主要为挠力河、七星河，及落马湖、五星湖及对面街泡子等湖泡，是鱼类、两栖类和水禽栖息的主要场所，生长着多种水生植物，因而在维持物种多样性方面及在湿地的水分供给和调节方面发挥着重要作用。分布于该类栖息地的野生动物种类有凤头鸊鷉、普通鸬鹚、苍鹭、草鹭、鸿雁、大天鹅、白腰草鹬、林鹬、绿头鸭、绿翅鸭、针尾鸭、斑嘴鸭、鸳鸯、扇尾沙锥、红嘴鸥、白翅浮鸥、灰翅浮鸥等。水体中鱼类以鲤科鱼类为主。

三、草　　甸

挠力河保护区的草甸植被多分布于林缘和沟塘，由于水分条件及土壤、光等条件导致其发育，常见的有以下 2 个类型，即疏林草甸和杂类草草甸。该类栖息地分布的主要野生动物种类有赤狐、狼、雪兔、灰头鹀、黄胸鹀、黄喉鹀、黑喉石䳭、凤头麦鸡、黑眉苇莺、厚嘴苇莺、灰鹡鸰、虎斑颈槽蛇等。

四、灌　　丛

挠力河保护区中常见有榛子灌丛，是森林破坏后衍生的次生类型。本类型植被平均高 1.5m，总盖度可达 80%～100%，可分为灌木层、草本层 2 层。灌木层以榛子为优势种，高 1.5～2.0m，盖度为 50%～80%，频度 100%。由于灌丛生境（特别是迹地灌丛生境）生长着茂盛的嫩叶、嫩枝以及盛产许多浆果，为鸟类和兽类提供了大量的食物资源，故分布着种类较多的食植性或杂食性的动物，如狍、野猪、棕熊、草兔、鼠类、黄胸鹀、朱雀、白腰朱顶雀、三道眉草鹀、褐柳莺、树鹨等。

五、森　林

挠力河森林资源多为阔叶林，又因为立地条件的不同，主要的森林立地类型又分为桦木林、杨树林、杨桦林、栎树林，林下植被组成多为以上各林型下的植被，以及一些湿地水生植被，如小叶章、柳叶绣线菊、薹草、榛子等。土壤为山地暗棕壤，土壤较深厚，质地疏松，透水性较好。分布于该类栖息地的野生动物种类主要以有蹄类、啮齿类和森林鸟类、水鸟等为主。由于该栖息地森林植物群落多处于不同阶段的演替阶段，种类组成复杂且变化大，故栖息的野生动物种类较多，常见种类有狍、野猪、草兔、啮齿类、鼬类、山斑鸠、大杜鹃、红尾伯劳、锡嘴雀、黄喉鹀、山雀等。

第二节　挠力河保护区动物资源概述

在挠力河保护区，众多的野生动物经过漫长的自然演变和不断发展，在湿地、灌丛和草甸等各类栖息生境中形成了复杂的食物网络、能量流动渠道、种群调节机制和空间结构。动物与生境之间经过长期适应，能和谐共存、互相关联、优化发展，形成了比较稳定的群落结构和生物多样性空间格局。

该区气候条件和栖息生境适宜种类繁多的动物栖息繁衍，使该区动物资源十分丰富。保护区内栖息着很多珍稀物种和重要的经济物种，是野生动物丰富的资源库和基因库，在保护生物多样性方面具有极其重要的科学研究价值，保护区丰富的野生动物资源历来为国内外学者和专家所瞩目（张荣祖，2004）。

据野外调查和查阅相关资料，保护区记录有脊椎动物 6 纲 40 目 97 科 398 种，包括兽类 6 目 16 科 52 种，鸟类 19 目 55 科 248 种，爬行类 3 目 4 科 13 种，两栖类 2 目 5 科 10 种，鱼类 9 目 16 科 73 种，七鳃鳗类 1 目 1 科 2 种（刘兴土和马学慧，2002；罗春雨等，2007；罗春雨，2009；马逸清等，1986；吴宪忠，1993；吕宪国，2009）（表 4-1、表 4-2）。

表 4-1　挠力河保护区脊椎动物统计

分类	兽类	鸟类	爬行类	两栖类	鱼类	七鳃鳗类	合计
目	6	19	3	2	9	1	40
科	16	55	4	5	16	1	97
种	52	248	13	10	73	2	398

表 4-2　挠力河保护区脊椎动物物种统计

种类	保护区种数	黑龙江种数	占黑龙江/%	全国种数	占全国/%
兽类	52	88	59.09	601	8.65
鸟类	248	390	63.59	1331	18.63

续表

种类	保护区种数	黑龙江种数	占黑龙江/%	全国种数	占全国/%
爬行类	13	16	81.25	401	3.24
两栖类	10	12	83.33	386	2.59
鱼类	73	106	68.87	2804	2.60
七鳃鳗类	2	2	1.00	3	66.67
合计	398	614	64.82	5 526	7.20

第三节 兽类资源

挠力河保护区内湿地生态系统在整个生态系统中起决定作用，是系统生产力的主要来源，控制着整个生态系统的功能。区内的森林、灌丛、草甸、沼泽、水域相互交错，是本区生境的组成部分，是脊椎动物生活和觅食以及繁殖的场所，也是珍稀野生动物赖以生存的良好栖息地。保护区内的各类植被类型受到保护，为保护野生动物创造了生存条件。

一、兽类组成

根据野外调查并参考相关资料确认本区共有兽类计 6 目 16 科 52 种（表 4-3，附表 2-1），占全省兽类种数的 59.09%。以啮齿目（16 种）和食肉目（17 种）种类占优势，占本区兽类种数的 63.46%。其次为食虫目（6 种）、偶蹄目（5 种）、翼手目（5 种）和兔形目（3 种）（马逸清，1986；Smith，2009）。

表 4-3 挠力河保护区兽类比较

类别	挠力河	黑龙江省		全国	
		数量	占全省/%	数量	占全国/%
目	6	6	100.00	14	42.86
科	16	20	80.00	57	28.07
种	52	88	59.09	601	8.65

二、区系特征

依中国动物地理区划，本区隶属于古北界、东北区、长白山亚区、三江平原省。古北界的兽类占绝大部分，为 42 种，占保护区兽类种数的 80.77%，属广布种的兽类为 8 种，占保护区兽类种数的 15.38%；属于东洋界的兽类仅 2 种，占该地区兽类种数的 3.85%。

由于本区属于东西伯利亚针叶林向南延伸的部分，又处于寒温带和温带交接处，因此，动物区系明显地表现出寒温带针叶林和温带针阔混交林过渡群落的特征：北方型兽类与东北型兽类相混杂。北方型兽类包括驼鹿、普通田鼠和普通蝙蝠等，它们都是耐寒动物群的典型代表，该地区仅是其分布的南缘。东北型兽类有食肉目的狼、赤狐、貉等犬科动物，熊科的棕熊，鼬科的紫貂、水獭等。此外，寒温带地区的兽类区系中，有些种类是森林草原的代表种，如东北刺猬仅分布到其南缘（马逸清等，1986；张荣祖，2004）。

三、兽类生境分布

1. 阔叶林

该生境乔木层树木繁茂，组成复杂。栖居的野生动物种类有马鹿、狍、野猪、猞猁、黄鼬、草兔、黑线姬鼠、普通鼩鼱、东北刺猬等。

2. 沼泽湿地

该生境常见种类有东北刺猬、狼、赤狐、黄鼬、水獭、麝鼠、巢鼠、大林姬鼠、狍等。

3. 草甸

草甸景观开阔，大型的林栖动物一般不到此活动。常见的动物有黑线姬鼠、普通田鼠等，有时也可发现狼、狐等食肉类动物游荡于此。

四、主要的兽类种群数量

2015～2016 年对保护区进行了本底调查，调查区域为保护区所有面积，即 $1606.01km^2$，总体抽样面积为 $173.44km^2$，抽样面积为保护区总面积的 10.80%，保证了抽样面积达 10% 以上的要求。根据春、秋、冬三个季节记录到的兽类实体、足迹、卧迹、粪便、痕迹等进行综合分析，对每种动物在调查区内的密度进行分析和判断，并利用兽类密度及数量统计公式进行计算，最后统计出挠力河保护区主要兽类的种群密度和数量。

1. 狼种群的平均分布密度与数量评估

种群平均分布密度：

$\overline{\overline{D}}$（狼）=（0.0392±0.0016）只/km^2。

种群数量估计：

N（狼）= $1606.01km^2$ ×（0.0392±0.0016）只/km^2 =（60±5）只。

其中，置信概率 p = 75%；估计精度 P = 70%。

全区狼种群数量：55～65 只。

2. 赤狐种群的平均分布密度与数量评估

种群平均分布密度：

$\overline{\overline{D}}$（赤狐）=（0.1029±0.0155）只/km^2。

种群数量估计：

N（赤狐）= $1606.01km^2$ ×（0.1029±0.0155）只/km^2 =（165±30）只。

其中，置信概率 p = 80%；估计精度 P = 72%。

全区赤狐种群数量：135～195 只。

3. 貉种群的平均分布密度与数量评估

种群平均分布密度：

$\overline{\overline{D}}$（貉）=（0.1528±0.0225）只/km^2。

种群数量估计：

N（貉）= 1606.01km^2 ×（0.1528±0.0225）只/km^2 =（245±40）只。

其中，置信概率 p = 80%；估计精度 P = 72%。

全区貉种群数量：205～285 只。

4. 香鼬种群的平均分布密度与数量评估

种群平均分布密度：

$\overline{\overline{D}}$（香鼬）=（0.2667±0.0131）只/km^2。

种群数量估计：

N（香鼬）= 1606.01km^2 ×（0.2667±0.0131）只/km^2 =（430±40）只。

其中，置信概率 p = 80%；估计精度 P = 77%。

全区香鼬种群数量：390～470 只。

5. 伶鼬种群的平均分布密度与数量评估

种群平均分布密度：

$\overline{\overline{D}}$（伶鼬）=（0.1328±0.0132）只/km^2。

种群数量估计：

N（伶鼬）= 1606.01km^2 ×（0.1328±0.0132）只/km^2 =（210±20）只。

其中，置信概率 p = 82%；估计精度 P = 85%。

全区伶鼬种群数量：190～230 只。

6. 黄鼬种群的平均分布密度与数量评估

种群平均分布密度：

$\overline{\overline{D}}$（黄鼬）=（0.8905±0.1267）只/km^2。

种群数量估计：

N（黄鼬）= 1606.01km^2 ×（0.8905±0.1267）只/km^2 =（1400±200）只。

其中，置信概率 p = 80%；估计精度 P = 87%。

全区黄鼬种群数量：1200～1600 只。

7. 狗獾种群的平均分布密度与数量评估

种群平均分布密度：

$\overline{\overline{D}}$（狗獾）=（0.1203±0.0234）只/km^2。

种群数量估计：

N（狗獾）= 1606.01km^2 ×（0.1203±0.0234）只/km^2 =（190±40）只。

其中，置信概率 p = 85%；估计精度 P = 73%。

全区狗獾种群数量：150～230 只。

8. 猞猁种群的平均分布密度与数量评估

种群平均分布密度：

$\overline{\overline{D}}$（猞猁）=（0.0151±0.0034）只/km²。

种群数量估计：

N（猞猁）= 1606.01km² ×（0.0151±0.0034）只/km² =（25±5）只。

其中，置信概率 p = 83%；估计精度 P =71%。

全区猞猁种群数量：20~30 只。

9. 豹猫种群的平均分布密度与数量评估

种群平均分布密度：

$\overline{\overline{D}}$（豹猫）=（0.2517±0.0322）只/km²。

种群数量估计：

N（豹猫）= 1606.01km² ×（0.2517±0.0322）只/km² =（400±50）只。

其中，置信概率 p = 85%；估计精度 P =70%。

全区豹猫种群数量：350~450 只。

10. 雪兔种群的平均分布密度与数量评估

种群平均分布密度：

$\overline{\overline{D}}$（雪兔）=（0.5259±0.0823）只/km²。

种群数量估计：

N（雪兔）= 1606.01km² ×（0.5259±0.0823）只/km² =（800±130）只。

其中，置信概率 p = 82%；估计精度 P = 75%。

全区雪兔种群数量：670~930 只。

11. 花鼠种群的平均分布密度与数量评估

种群平均分布密度：

$\overline{\overline{D}}$（花鼠）=（0.2492±0.0246）只/km²。

种群数量估计：

N（花鼠）= 1606.01km² ×（0.2492±0.0246）只/km² =（400±40）只。

其中，置信概率 p = 85%；估计精度 P = 80%。

全区花鼠种群数量：360~440 只。

12. 松鼠种群的平均分布密度与数量评估

种群平均分布密度：

$\overline{\overline{D}}$（松鼠）=（0.1249±0.0132）只/km²。

种群数量估计：

N（松鼠）= 1606.01km² ×（0.1249±0.0132）只/km² =（200±20）只。

其中，置信概率 $p = 85\%$；估计精度 $P = 81\%$。

全区松鼠种群数量：180～220 只。

13. 麝鼠种群的平均分布密度与数量评估

种群平均分布密度：

$\overline{\overline{D}}$（麝鼠）＝（0.8032±0.1134）只/km²。

种群数量估计：

N（麝鼠）＝ 1606.01km² ×（0.8032±0.1134）只/km² ＝（1300±200）只。

其中，置信概率 $p = 82\%$；估计精度 $P = 85\%$。

全区麝鼠种群数量：1100～1500 只。

14. 野猪种群的平均分布密度与数量评估

种群平均分布密度：

$\overline{\overline{D}}$（野猪）＝（0.2338±0.0414）只/km²。

种群数量估计：

N（野猪）＝ 1606.01km² ×（0.2338±0.0414）只/km² ＝（370±70）只。

其中，置信概率 $p = 80\%$；估计精度 $P = 83\%$。

全区野猪群数量：300～440 只。

15. 狍种群的平均分布密度与数量评估

种群平均分布密度：

$\overline{\overline{D}}$（狍）＝（0.5245±0.0925）只/km²。

种群数量估计：

N（狍）＝ 1606.01km² ×（0.5245±0.0925）只/km² ＝（840±150）只。

其中，置信概率 $p = 80\%$；估计精度 $P = 75\%$。

全区狍种群数量：690～990 只。

由上述统计结果看，在置信概率 $p = 80\%$，即危险概率 $\alpha = 20\%$ 的条件下，主要兽类的种群密度和数量估计的精度均为 70% 以上，15 种兽类平均估计精度 $P = 77.07\%$，远高于野生动物资源综合调查精度在 70% 以上的数理统计学上的一般要求。

五、濒危、珍稀兽类

挠力河保护区地处宝清、富锦、饶河、抚远三县一市行政辖区内的红兴隆、建三江管理局。西至七星河自然保护区、五九七农场 3 分场；东到国界河乌苏里江，北接建三江管理局的七星、大兴、创业、红卫、胜利和八五九农场；南接五九七、八五二、八五三、红旗岭、饶河农场。动物资源十分丰富。但是由于环境变迁，野生动物栖息地遭到极大破坏，适宜生境日益缩小。许多种类已经处于濒危或近危状态，亟待加以保护。据统计本区共有珍稀、濒危兽类 19 种，其中国家一级重点保护兽类 4 种，国家二级重点保护兽类 5 种，黑龙江省地方重点保护兽类 5 种，列入 IUCN 世界濒危动物名录的兽类

15 种，列入《濒危野生动植物种国际贸易公约》（CITES）附录种类 10 种，且多处于濒危状态（表 4-4）（汪松，1998）。

表 4-4　挠力河保护区保护兽类名录

序号	名称	国家级		省级	IUCN 名录			CITES 名录		
		I	II		a	b	c	A	B	C
1	狼 *Canis lupus*			+					+	
2	赤狐 *Vulpes vulpes*			+			+			
3	黑熊 *Selenarctos thibetanus*		+				+	+		
4	棕熊 *Ursus arctos*		+			+		+		
5	紫貂 *Martes zibellina*	+					+			
6	小艾鼬 *Mustela amurensis*			+			+			
7	香鼬 *Mustela altaica*									+
8	伶鼬 *Mustela nivalis*			+						
9	黄鼬 *Mustela sibirica*						+			+
10	狗獾 *Meles meles*						+			
11	水獭 *Lutra lutra*		+			+		+		
12	猞猁 *Lynx lynx*						+		+	
13	豹猫 *Felis bengalensis*			+			+		+	
14	东北虎 *Panthera tigris*	+			+			+		
15	雪兔 *Lepus timidus*		+				+			
16	野猪 *Sus scrofa*						+			
17	原麝 *Moschus moschiferus*	+					+		+	
18	马鹿 *Cervus elaphus*		+							
19	梅花鹿 *Cervus nippon*	+			+					
	合计	4	5	5	2	2	11	4	4	2

注：I. 国家一级重点保护种类；II. 国家二级重点保护种类。

省级. 黑龙江省地方重点保护种类。

a. 列入 IUCN 红皮书极危种类；b. 列入 IUCN 红皮书濒危种类，c. 列入 IUCN 红皮书易危种类。

A. 列入 CITES 附录 I 种类；B. 列入 CITES 附录 II 种类；C. 列入 CITES 附录III种类。

第四节　鸟类资源

一、鸟类组成

挠力河保护区地处三江平原腹地，可划分为低山丘陵、山前台地、一级阶地、高低河漫滩和水面 6 个类型，为鸟类提供了良好的栖息和隐蔽场所。因此，本区的鸟类资源十分丰富。据野外调查统计及相关资料分析，本区共有鸟类 19 目 55 科 248 种（表 4-5～表 4-7）（王广鑫，2015；黑龙江省野生动物研究所，1992；郑光美，2017）。

二、生境分布

从鸟类栖息类型上看，因其栖息地生境不同，按自然景观可分为水域（W）、沼泽（M）、

表 4-5　挠力河保护区鸟类统计

类别	保护区		黑龙江		中国	
	种数	占全区/%	种数	占全省/%	种数	占全国/%
非雀形目	148	59.68	233	63.52	587	25.22
雀形目	100	40.32	157	63.69	744	13.44
总计	248	100.00	390	63.58	1331	18.63

表 4-6　挠力河保护区鸟类季节分布

种类	非雀形目		雀形目		合计	
	种数	占该类别比例/%	种数	占该类别比例/%	种数	占该类别比例/%
夏候鸟	97	65.54	45	45.00	142	57.26
冬候鸟	3	2.03	3	3.00	6	2.42
旅鸟	30	20.27	34	34.00	64	25.81
留鸟	16	10.81	18	18.00	34	13.71
偶见	2	1.35	0	0.00	2	0.80
合计	148	100.00	100	100.00	248	100.00

表 4-7　挠力河保护区鸟类组成及区系

序号	目别	科数	种数	栖息生境						留居类型					区系从属		
				W	M	F	G	L	R	S	W	P	R	O	P	O	C
1	鸡形目	1	5			4	1			1			4		4		1
2	雁形目	1	28	28						18		10			17		11
3	鸊鷉目	1	5	5						4		1			1		4
4	鸽形目	1	2			2				1			1		1		1
5	夜鹰目	1	1				1			1							1
6	鹃形目	1	4			4				4						1	3
7	鹤形目	2	9	1	8					8		1			7		2
8	鸻形目	6	40	9	31					26		13		1	26		14
9	潜鸟目	1	2	2								2					2
10	鹳形目	1	2		2					2					2		
11	鲣鸟目	1	2	2						1		1			1		1
12	鹈形目	2	10		10					9		1			4		6
13	鹰形目	2	14			14				13	1				3	1	10
14	鸮形目	1	6			6				1	1		4		1		5
15	犀鸟目	1	1				1			1							1
16	佛法僧目	2	3			3				3							3
17	啄木鸟目	1	8			8				1			7		7	1	
18	隼形目	1	6			6				4	1	1			3		3
19	雀形目	28	100			95	1	1	3	45	6	34	18		82	1	17
	合计	55	248	47	51	142	4	1	3	143	6	64	34	1	159	4	85

注：W. 水域鸟类；M. 沼泽鸟类；G. 草甸鸟类；F. 森林和灌丛鸟类；R. 居民区鸟类；L. 农田和荒地鸟类。
S. 夏候鸟；R. 留鸟；W. 冬候鸟；P. 旅鸟；O. 偶见。
P. 古北种；O. 东洋种；C. 广布种。

草甸（G）、森林和灌丛（F）、居民区（R）及农田和荒地（L）6 个生境类型的鸟类。不同的生境中，鸟类的组成各不相同。

1. 森林和灌丛鸟类

本区林地面积较小，主要有喀尔喀山及人工林。本区林栖鸟类数量和种类均较丰富。此类型鸟类的特征是翼较短且宽而钝，小翼发达。多为树栖型鸟类，以雀形目等小型鸟类居多。分布在这一生境的鸟类有隼形目、鸡形目、鸮形目、鹃形目、鸽形目、鹰形目、佛法僧目、啄木鸟目及雀形目鸟类。本区共记录森林、灌丛鸟类 142 种，占保护区鸟类种数的 57.26%，包括雀形目鸟类 95 种。根据栖息生态位不同又分为 2 个类型。

1）灌丛鸟类

优势种：东方大苇莺、黑眉苇莺、大山雀。常见种：黄眉柳莺、黄腰柳莺、厚嘴苇莺、三道眉草鹀、黄喉鹀、长尾雀、煤山雀、沼泽山雀、灰喜鹊、田鹨、树鹨、戴胜等。

2）阔叶混交林鸟类

该类型以蒙古栎林为主，建群种为蒙古栎和白桦，伴生有兴安杜鹃、榛子、杜香等中下层植被。由于隐蔽条件好，光线充足，植被种类丰富，使鸟类种类繁多。此种生境地势较高，为半原始林。优势种有树鹨、大山雀、沼泽山雀、灰背鸫。常见种有银喉长尾山雀、小斑啄木鸟、大斑啄木鸟、星鸦、松鸦、灰背鸫、灰喜鹊、大杜鹃、戴胜、长尾雀、普通鸤、银喉长尾山雀等。

2. 水域鸟类

本区水域面积较大，大小河流共 10 余条，还有大面积的湖泡，因而水域鸟类种类和数量相对较多。此类群鸟类多羽毛丰满，尾脂腺发达，脚呈蹼状，善于游泳，飞行速度快，包括潜鸟目、雁形目、䴙䴘目、鸻形目（鸥类）、鲣鸟目等。本区记录到水域鸟类 47 种，占保护区鸟类种数的 18.95%，均为非雀形目鸟类。

优势种有普通鸬鹚、灰雁、豆雁、绿头鸭、斑嘴鸭、针尾鸭、凤头潜鸭、凤头䴙䴘、红嘴鸥、白翅浮鸥、灰翅浮鸥、白骨顶等。常见种包括小䴙䴘、黑颈䴙䴘、罗纹鸭、白眉鸭、红头潜鸭、琵嘴鸭、鸿雁、银鸥、普通燕鸥等。稀有种包括白秋沙鸭、花脸鸭、小白额雁、大天鹅、小天鹅、鸳鸯、青头潜鸭等。

国家一级重点保护鸟类中华秋沙鸭，国家二级重点保护鸟类大天鹅、白额雁、角䴙䴘、赤颈䴙䴘、鸳鸯等均属此类。

3. 沼泽鸟类

沼泽是从水域到陆地的过渡地带，是多种涉禽的适宜生境。该类型主要分布在沟谷及地势平坦的水湿地带。由于环境湿润温和，植被繁茂，水源充足，食物丰富，是一些涉禽理想的栖息地。此类群鸟类多具"三长"，即长喙、长颈、长腿，适于在沙滩、泥土中觅食。包括鸻形目、鹳形目、鹤形目、鹈形目鸟类。本区记录有沼泽鸟类 51 种，占保护区鸟类种数的 20.56%，均为非雀形目鸟类。

优势种有苍鹭、大白鹭、凤头麦鸡、白腰草鹬、针尾沙锥、黑翅长脚鹬等。常见种有泽鹬、金眶鸻、环颈鸻、斑胁田鸡、黄斑苇鳽、草鹭等。稀有种包括白鹭、大麻鳽、小田鸡、金鸻、黑尾塍鹬、青脚鹬、青脚滨鹬、红颈滨鹬等。

国家一级重点保护鸟类丹顶鹤、白头鹤、东方白鹳、黑鹳及国家二级重点保护鸟类白枕鹤、白琵鹭等均属此类。雁鸭类亦选择此区筑巢繁殖。亦有白尾鹞、白腹鹞、鹊鹞等在此区繁殖、觅食；雀形目中的鸫类、鹟鸰、莺类、山雀等也到本区觅食。

4. 草甸鸟类

本区草甸面积较少，仅在河岸高处有小面积的草甸，保护区草甸面积不足 1000hm^2。此类型鸟类组成复杂，但以非雀形目鸟类居多。大多有保护色。本区记录到草甸鸟类 4 种，占保护区鸟类种数的 1.61%。但许多林栖鸟类也到此觅食。优势种有黄胸鹀、黄喉鹀、三道眉草鹀、灰头鹀等；常见种有白眉鹀、白头鹀、白眉姬鹟、黄鹡鸰等；稀有种包括小鹀、黄眉鹀、红腹灰雀等。鸢、苍鹰、普通鵟、秃鹫、雀鹰等在空中盘旋。

5. 居民区鸟类

保护区内有数十个农场连队等固定居民点，为这些鸟类提供了觅食和繁殖栖息地。此类型鸟类亦称为伴人鸟类，主要为雀形目鸟类。本区记录有居民区鸟类 3 种，占本区鸟类种数的 1.21%，均为雀形目鸟类。优势种有麻雀、家燕、金腰燕等。

6. 农田和荒地鸟类

保护区涉及 11 个国营农场，农田面积较大。本区农田主要为水稻田、大豆和玉米，生境单一，只有少数食谷鸟类在此栖息、觅食，包括鹀类、莺类、雉类等。

三、鸟类调查结果

1. 种类和数量

通过 2015 年四个季节调查，在挠力河保护区统计到鸟类 15 目 42 科 174 种 286 167 只。从记录的鸟类种类看，以雀形目鸟类种类最多，达 17 科 66 种，占调查记录鸟类种数的 37.93%；其次为鸻形目，7 科 27 种，占调查记录鸟类种数的 15.52%；记录雁形目鸟类 25 种，占调查记录鸟类种数的 14.37%；以下依次为鹰形目（11 种）、鹈形目（7 种）、鹤形目（7 种）、鸮形目（5 种）、隼形目（5 种）、啄木鸟目（4 种）、鹃鹏目（4 种）、鸡形目（3 种）、鹃形目（3 种）、佛法僧目（3 种）、鹳形目（1 种）、鸽形目（1 种）、鲣鸟目（1 种）和犀鸟目（1 种）。

从鸟类各目数量组成看，记录鸟类最多的是雁形目鸟类，达 153 553 只，占全部统计鸟类数量的 53.66%。其次为鸻形目鸟类，计 96 283 只，占全部统计鸟类数量的 33.65%。雀形目鸟类 15 528 只，占全部统计鸟类数量的 5.43%。以下依次为鹤形目（7887 只）、鹈形目（4515 只）、鹰形目（2289 只）、鸡形目（2075 只）、鹃鹏目（1418 只）、鹳形目（769 只）、隼形目（666）、鲣鸟目（514 只）、鸽形目（389 只）、啄木鸟目（99 只）、鹃形目（77 只）、犀鸟目（47 只）、佛法僧目（45 只）、鸮形目（13 只）。

从鸟类数量看，记录数量排在前十的种是灰雁、白翅浮鸥、灰翅浮鸥、绿翅鸭、斑嘴鸭、豆雁、白额雁、绿头鸭、红头潜鸭和白骨顶，共计 225 424 只，占统计鸟类总数量的 78.77%（表 4-8）。

表 4-8　挠力河保护区统计鸟类数量前十种类及数量

序号	名称	数量	占鸟类数量/%
1	灰雁 *Anser anser*	45 675	15.96
2	白翅浮鸥 *Chlidonias leucopterus*	42 106	14.71
3	灰翅浮鸥 *Chlidonias hybrida*	36 336	12.70
4	绿翅鸭 *Anas crecca*	24 219	8.46
5	斑嘴鸭 *Anas zonorhyncha*	17 443	6.10
6	豆雁 *Anser fabalis*	17 070	5.97
7	白额雁 *Anser albifrons*	15 226	5.32
8	绿头鸭 *Anas platyrhynchos*	12 741	4.45
9	红头潜鸭 *Aythya ferina*	7 512	2.63
10	白骨顶 *Fulica atra*	7 096	2.48
	合计	225 424	78.77

2. 不同季节物种组成变化

在 2015 年四个季节的监测中，共记录到鸟类 174 种，占保护区鸟类物种数量的 70.16%。从记录结果分析，春季记录种类最多，为 145 种；冬季记录种类最少，为 24 种（表 4-9）。

表 4-9　挠力河保护区不同季节记录鸟类种数统计表

春季		夏季		秋季		冬季	
种数	占总种数/%	种数	占总种数/%	种数	占总种数/%	种数	占总种数/%
145	83.33	97	55.75	118	67.82	24	13.79

3. 不同季节鸟类数量变化

在本次监测中，共记录到鸟类 174 种 286 167 只。但各季节数量变化较大。记录鸟类数量最多的季节为秋季，记录到鸟类 118 种 144 554 只，占全部监测鸟类数量的 50.51%；最少的季节为冬季，记录到鸟类 24 种 4136 只，占全部监测鸟类数量的 1.46%（表 4-10）。

表 4-10　挠力河保护区不同季节记录鸟类种数统计表

年份	数量	占总数量/%
春季	83 109	29.04
夏季	54 368	19.00
秋季	144 554	50.51
冬季	4 136	1.45
合计	286 167	100.00

四、鸟类物种概述

1. 濒危、保护鸟类

挠力河保护区地处三江平原腹地，动物资源十分丰富；但是由于长期开发，加之人为干扰严重，导致本区鸟类资源较 20 世纪发生极大改变，许多种类已经处于濒危或易危状态，亟待加以保护。经过统计分析，本区分布有保护鸟类 102 种，其中国家级重点保护鸟类 51 种，包括国家一级重点保护鸟类 7 种，国家二级重点保护鸟类 44 种；黑龙江省地方重点保护鸟类 35 种，列入世界自然保护联盟（IUCN）世界濒危鸟类红皮书 50 种，列入《濒危野生动植物种国际贸易公约》（CITES）附录 42 种，列入《国家保护的有益的或者有重要经济、科学研究价值的陆生野生动物名录》（"三有"动物）种类 180 种，列入《中华人民共和国政府和日本国政府保护候鸟及其栖息地环境的协定》的鸟类 145 种，列入《中华人民共和国政府和澳大利亚政府保护候鸟及其栖息环境的协定》的鸟类 32 种（表 4-11、表 4-12）（汪松，1998）。

表 4-11　挠力河保护区濒危、保护鸟类统计

保护类别	保护级别			合计
国家级重点保护	一级	二级		
	7	44		51
黑龙江省地方重点保护				35
IUCN 红皮书	极危	濒危	易危	
		11	39	50
CITES 附录	附录二（1）	附录二（2）	附录二（3）	
	7	26	9	42
"三有"动物				180

表 4-12　挠力河保护区濒危、保护鸟类名录

序号	名称	国家级重点		省级	IUCN			CITES		
		I	II		a	b	c	A	B	C
1	花尾榛鸡 *Tetrastes bonasia*						+			
2	黑琴鸡 *Lyrurus tetrix*		+							
3	斑翅山鹑 *Perdix dauurica*						+			
4	鸿雁 *Anser cygnoides*			+			+			
5	豆雁 *Anser fabalis*			+						
6	灰雁 *Anser anser*			+						
7	白额雁 *Anser albifrons*		+							
8	小白额雁 *Anser erythropus*			+						
9	疣鼻天鹅 *Cygnus olor*		+						+	
10	小天鹅 *Cygnus columbianus*		+							
11	大天鹅 *Cygnus cygnus*		+							
12	鸳鸯 *Aix galericulata*		+						+	
13	罗纹鸭 *Mareca falcata*								+	
14	赤颈鸭 *Mareca penelope*		+							+

续表

序号	名称	国家级重点		省级	IUCN			CITES		
		I	II		a	b	c	A	B	C
15	针尾鸭 *Anas acuta*									+
16	绿翅鸭 *Anas crecca*									+
17	琵嘴鸭 *Spatula clypeata*		+							+
18	白眉鸭 *Anas querquedula*		+							+
19	花脸鸭 *Sibirionetta formosa*		+				+			+
20	青头潜鸭 *Aythya baeri*						+			
21	斑头秋沙鸭 *Mergus albellus*			+						
22	红胸秋沙鸭 *Mergus serrator*			+						
23	中华秋沙鸭 *Mergus squamatus*	+				+				
24	小䴙䴘 *Tachybaptus ruficollis*						+			
25	赤颈䴙䴘 *Podiceps grisegena*		+							
26	角䴙䴘 *Podiceps auritus*		+							
27	黑颈䴙䴘 *Podiceps nigricollis*						+			
28	普通夜鹰 *Caprimulgus indicus*			+						
29	北棕腹鹰鹃 *Hierococcyx hyperythrus*			+						
30	黑水鸡 *Gallinula chloropus*			+						
31	白枕鹤 *Grus vipio*		+			+		+		
32	丹顶鹤 *Grus japonensis*	+				+		+		
33	灰鹤 *Grus grus*		+						+	
34	白头鹤 *Grus monacha*	+				+		+		
35	蛎鹬 *Haematopus ostralegus*						+			
36	丘鹬 *Scolopax rusticola*			+						
37	孤沙锥 *Gallinago solitaria*			+		+				
38	拉氏沙锥 *Gallinago hardwickii*					+				
39	白腰杓鹬 *Numenius arquata*						+			
40	大杓鹬 *Numenius madagascariensis*			+			+			
41	灰背鸥 *Larus schistisagus*						+			
42	红喉潜鸟 *Gavia stellata*			+						
43	黑喉潜鸟 *Gavia arctica*			+						
44	黑鹳 *Ciconia nigra*	+					+		+	
45	东方白鹳 *Ciconia boyciana*	+				+		+		
46	海鸬鹚 *Phalacrocorax pelagicus*		+				+			
47	黑头白鹮 *Threskiornis melanocephalus*		+				+			+
48	白琵鹭 *Platalea leucorodia*		+				+		+	
49	黄斑苇鹣 *Ixobrychus sinensis*		+							
50	牛背鹭 *Bubulcus ibis*		+							+
51	大白鹭 *Ardea alba*		+							+
52	鹗 *Pandion haliaetus*		+				+		+	
53	秃鹫 *Aegypius monachus*		+			+			+	

续表

序号	名称	国家级重点		省级	IUCN			CITES		
		I	II		a	b	c	A	B	C
54	金雕 *Aquila chrysaetos*	+				+			+	
55	日本松雀鹰 *Accipiter gularis*		+						+	
56	雀鹰 *Accipiter nisus*		+						+	
57	苍鹰 *Accipiter gentilis*		+						+	
58	白腹鹞 *Circus spilonotus*		+			+			+	
59	白尾鹞 *Circus cyaneus*		+			+			+	
60	鹊鹞 *Circus melanoleucos*		+			+			+	
61	黑鸢 *Milvus migrans*		+						+	
62	白尾海雕 *Haliaeetus albicilla*	+				+		+		
63	毛脚鵟 *Buteo lagopus*		+			+			+	
64	大鵟 *Buteo hemilasius*		+			+			+	
65	普通鵟 *Buteo japonicus*		+			+			+	
66	北领角鸮 *Otus semitorques*		+			+			+	
67	红角鸮 *Otus sunia*		+			+			+	
68	雪鸮 *Bubo scandiacus*		+						+	
69	雕鸮 *Bubo bubo*		+		+				+	
70	长耳鸮 *Asio otus*		+						+	
71	短耳鸮 *Asio flammeus*		+						+	
72	三宝鸟 *Eurystomus orientalis*			+		+				
73	蓝翡翠 *Halcyon pileata*			+	+					
74	小星头啄木鸟 *Dendrocopos kizuki*			+		+				
75	白背啄木鸟 *Dendrocopos leucotos*			+						
76	黑啄木鸟 *Dryocopus martius*			+						
77	红隼 *Falco tinnunculus*		+			+			+	
78	红脚隼 *Falco amurensis*		+						+	
79	灰背隼 *Falco columbarius*		+			+			+	
80	燕隼 *Falco subbuteo*		+						+	
81	矛隼 *Falco rusticolus*		+			+		+		
82	游隼 *Falco peregrinus*		+			+		+		
83	黑枕黄鹂 *Oriolus chinensis*		+							
84	虎纹伯劳 *Lanius tigrinus*					+				
85	灰伯劳 *Lanius excubitor*			+						
86	灰喜鹊 *Cyanopica cyanus*			+						
87	星鸦 *Nucifraga caryocatactes*			+						
88	灰蓝山雀 *Cyanistes cyanus*			+						
89	东方大苇莺 *Acrocephalus orientalis*			+						
90	苍眉蝗莺 *Locustella fasciolata*			+						
91	家燕 *Hirundo rustica*			+						
92	金腰燕 *Cecropis daurica*			+						

续表

序号	名称	国家级重点		省级	IUCN			CITES		
		I	II		a	b	c	A	B	C
93	北长尾山雀 *Aegithalos caudatus*			+						
94	欧亚旋木雀 *Certhia familiaris*			+						
95	褐河乌 *Cinclus pallasii*			+						
96	虎斑地鸫 *Zoothera dauma*			+						
97	太平鸟 *Bombycilla garrulus*			+						
98	小太平鸟 *Bombycilla japonica*			+			+			
99	山鹡鸰 *Dendronanthus indicus*						+			
100	雪鹀 *Plectrophenax nivalis*			+						
101	白眉鹀 *Emberiza tristrami*			+						
102	红颈苇鹀 *Emberiza yessoensis*						+			
	合计	7	44	35	—	11	39	7	26	9

注：I. 国家一级重点保护种类；II. 国家二级重点保护种类。

省级. 黑龙江省重点保护种类。

a. 列入 IUCN 红皮书极危种类；b. 列入 IUCN 红皮书濒危种类；c. 列入 IUCN 红皮书易危种类。

A. 列入 CITES 附录 I 种类；B. 列入 CITES 附录 II 种类；C. 列入 CITES 附录III种类。

一表示无数据。

1）国家级重点保护鸟类

通过 2015 年调查，并查阅保护区相关资料，确认本区分布有国家级重点保护鸟类 51 种，其中国家一级重点保护鸟类 7 种，包括东方白鹳、丹顶鹤、中华秋沙鸭、金雕等；国家二级重点保护鸟类 44 种，包括赤颈鹧鹧、大天鹅、鹗、鹊鹞、普通鵟、红隼、白枕鹤、雕鸮、雪鸮、长耳鸮等。

2）黑龙江重点保护鸟类和国际条约保护鸟类

挠力河保护区地处三江平原腹地，鸟类资源十分丰富。因而黑龙江省地方重点保护鸟类分布也多。据调查本区分布有黑龙江省重点保护鸟类 35 种，占黑龙江省地方重点保护鸟类种数的 53.03%。

2. 常见鸟类

挠力河保护区鸟类除濒危、保护物种外，还有许多常见种类。常见鸟类是保护区鸟类的主体，本区共记录有常见鸟类 79 种。

第五节 爬行类资源

挠力河保护区地处黑龙江省东部地区，冬季气候寒冷，封冰期长达 4～5 个月，爬行类动物为变温动物，只有适应寒冷环境，冬季以冬眠来度过酷寒的种类才能分布于此，但由于本地区夏季多雨又有较好的森林和湿地环境，也使一些种类种群数量较大。

与省内其他地方相比，保护区所在的三江平原温度与湿度都更加适合于爬行类的栖息。保护区现有爬行类 3 目 4 科 13 种，占黑龙江省爬行类总数 16 种的 81.25%，也就是说除了少数种类外，均有分布。在 13 种分布的爬行动物中，鳖的数量稀少，从地理区划上看，它分布广泛，在本区主要分布在挠力河；黑龙江草蜥比较常见；游蛇科 7 种中白条锦蛇、赤峰锦蛇、棕黑锦蛇分布比较广泛，且为该地的优势种；余下种类数量较少，乌苏里蝮也较为常见（赵文阁，2008）。

2015 年在挠力河保护区沿挠力河沿岸爬行动物可能栖息的地区共设置了 30 条样线。每两人 1 组，手持捕蛙网和捕蛇杖，在爬行动物可能出现的区域边行走边搜索，遇到爬行动物就进行捕捉，并且进行鉴定、拍照。春、夏、秋 3 季共进行了 6 次调查，共捕获到爬行动物 1 目 3 科 6 种 14 只（表 4-13）。

表 4-13 挠力河保护区捕获爬行动物种类统计

序号	名称	数量	保护级别
	一、有鳞目 SQUAMATA		
	（一）蜥蜴科 Lacertidae		
1	黑龙江草蜥 *Takydromus amurensis*	3	III
	（二）游蛇科 Colubridae		
2	黄脊游蛇 *Coluber spinalis*	1	III
3	白条锦蛇 *Elaphe dione*	2	III
4	棕黑锦蛇 *Elaphe schrenckii*	2	IIIc
5	虎斑颈槽蛇 *Rhabdophis tigrinus*	1	III
	（三）蝰科 Viperidae		
6	乌苏里蝮 *Gloydius ussuriensis*	5	IV
	合计	14	

第六节 两栖类动物资源

挠力河保护区地处黑龙江省三江平原地区，冬季气候寒冷，封冰期长达 4～5 个月，是两栖类动物分布的重要限制因子。只有能耐寒冬的两栖类才能够生活下来。但由于本地区夏季多雨又有较好的森林和湿地环境，也使一些种类种群数量较大。

根据考察和以往资料，保护区现有两栖类动物 2 目 5 科 10 种，占黑龙江省两栖动物种数的 83.33%。优势种有黑斑侧褶蛙、中华蟾蜍等，花背蟾蜍、东北小鲵、东北雨蛙、黑龙江林蛙为常见种，东方铃蟾、粗皮蛙数量较少。挠力河保护区内丰富的两栖类资源与其地理位置、生境组成密切相关。

与黑龙江省其他地方相比，保护区所在的地理位置更适合于两栖类生存。同时，两栖类种类组成也反映了北方高寒的特点，极北鲵、黑斑侧褶蛙和黑龙江林蛙最能耐寒，生理生态上最具适应特性，形态上以躯干特别小为特征（赵文阁等，2010）。

2015 年春季、夏季对本区两栖类资源进行了调查，调查以样方法进行。选择两栖动物栖息的生境设置样方，每个样方面积为 5m×100m。共计设计两栖类调查样方 100 个。调查时每人 1 组，手持捕蛙网，发现两栖类立即捕捉。鉴定种类、拍照后释放。通过春夏两季调查，共记录到两栖类动物 2 目 4 科 7 种共计 202 只（表 4-14）。

表4-14 挠力河保护区两栖动物统计表

序号	名称	数量	保护级别
	一、有尾目 CAUDATA		
	（一）小鲵科 Hynobiidae		
1	极北鲵 *Salamandrella keyserlingii*	11	IIIc
	二、无尾目 ANURA		
	（二）蟾蜍科 Bufonidae		
2	中华蟾蜍 *Bufo gargarizans*	47	III
3	花背蟾蜍 *Strauchbufo raddei*	32	III
	（三）雨蛙科 Hylidae		
4	东北雨蛙 *Hyla ussuriensis*	22	
	（四）蛙科 Ranidae		
5	黑龙江林蛙 *Rana amurensis*	38	IIIc
6	东北林蛙 *Rana dybowskii*	8	IIIc
7	黑斑侧褶蛙 *Pelophylax nigromaculatus*	44	III
	合计	202	

第七节 鱼类资源

挠力河保护区是黑龙江垦区最大的国家级自然保护区，地处三江平原腹部，跨越黑龙江垦区2个管理局11个农场，挠力河贯穿全区，属内陆湿地和水域生态类型的自然保护区。保护区内主要河流及湖泊有挠力河、七星河、蛤蟆通河、宝清河、小清河、七里沁河、落马湖、对面街泡子、千鸟湖等。挠力河为乌苏里江左岸的较大支流之一。挠力河保护区不仅水资源丰富，而且水质特别清澈，优越的水资源条件，为鱼类的生存提供了良好的生态环境，是东北亚水禽迁徙主要通道和栖息地，也对三江平原的小气候具有重要的调节作用。

近些年来，由于人们对绿色食品的追求欲望日趋强烈，市场对野生鱼类的需求越来越大，从而导致野生鱼类价格非常昂贵，使得渔民偷捕、过捕屡禁不止，造成野生鱼类资源大幅下降。然而有关挠力河保护区野生鱼类资源状况从未见详细报道。因此，对挠力河保护区鱼类资源进行调查研究，其成果对合理开发和利用当地鱼类资源，有效保护当地野生鱼类资源具有重大意义。

一、方法及采样点的布设

1. 采样时间和地点

鱼类资源调查时间为2015年8月19~21日，主要对挠力河流域进行调查。本次调查取6个点，分别为：1号点为长林岛（挠力河上游），2号点为长林岛地河（挠力河支流），3号点为红旗岭，4号点为南通河，5号点为饶河农场（挠力河下游），6号点为乌苏里江入江口。

2. 采样方法及鉴定

调查方法主要以实地考察为主，同时将资料查询、走访渔民、各地农贸市场调查等方法相结合，选择具有代表性的水域，雇佣当地渔民帮助捕捉标本等手段，对挠力河保护区境内的主要河流，如长林岛挠力河上游主干道、长林岛地河、红旗岭、南通河、饶河农场（挠力河下游）乌苏里江入江段进行了调查。采用结合当地俗名，再通过查阅文献资料等途径对鱼类进行鉴定分类。

二、结果与分析

1. 鱼类组成

1）鱼类各目组成

根据现场采样以及走访调查共计调查鱼类 10 目 17 科 75 种（含七鳃鳗类 1 目 1 科 2 种）（附表 2-4）。其中鲤形目 2 科 48 种，占保护区鱼类种数的 65.75%；鲑形目 3 科 8 种，占保护区鱼类种数的 10.96%；鲈形目 4 科 5 种，占保护区鱼类种数的 6.85%；鲇形目 2 科 5 种，占保护区鱼类种数的 6.85%；鳕形目 1 科 1 种，占保护区鱼类种数的 1.37%；鲉形目和鲟形目均 1 科 2 种，占保护区鱼类种数的 2.74%；刺鱼目 1 科 1 种，占保护区鱼类种数的 1.37%，颌针鱼目 1 科 1 种，占保护区鱼类种数的 1.37%（董崇志和姜作发，2004；赵文阁，2018）。

由此可知，挠力河流域主要鱼类由鲤形目、鲑形目、鲈形目和鲇形目构成，其中鲤形目鱼类占据较大比重，鲑形目次之，鲈形目与鲇形目再次之。

2）鱼类科的组成

挠力河保护区共记录鱼类 16 科 73 种。从科组成看，鲤科鱼类种类最多，达 43 种，占保护区鱼类种数的 58.90%；其次为鳅科，记录鱼类 5 种，占 6.85%；鲑科 5 种，占 6.85%，鳍科 3 种，占 4.11%，其余各科种类仅为 1～2 种（表 4-15）。

表 4-15　挠力河保护区鱼类科组成及所占比例

科名	鲟科	鲑科	胡瓜鱼科	狗鱼科	鲤科	刺鱼科	鲇科	鳍科
种类	2	5	2	1	43	1	2	3
百分比/%	2.74	6.85	2.74	1.37	58.90	1.37	2.74	4.11

科名	鳕科	鲈科	塘鳢科	杜父鱼科	青鳉科	鳅科	鮨科	鳢科	合计
种类	1	1	2	2	1	5	1	1	73
百分比/%	1.37	1.37	2.74	2.74	1.37	6.85	1.37	1.37	100.00

2. 鱼类区系的主要特点

保护区内鱼类区系的最主要特点是以北方山麓鱼类为主，其次是北方平原鱼类和北极淡水鱼类，其他鱼类种类较少。其中许多种类为特产经济鱼类，在渔业上颇有重要价值。保护区内鱼类中鲤科鱼类比重较大，和我国内陆水域中的总情况一致。另外，典型北方冷水性鱼类种类较多。保护区共记录土著鱼类 64 种，占保护区鱼类种数的 87.67%。根据起源、地理分布和生态特征，保护区的鱼类区系组成可分为如下六大类群。

1）古第三纪鱼类类群

古第三纪鱼类类群形成于第三纪早期，在北半球北温带地区，并在第四纪冰川期后残留下来的鱼类，适于在含氧量较少的水体中生活。在挠力河保护区共记录到古第三纪鱼类类群 14 种，占保护区鱼类种数的 19.18%，保护区土著鱼类种数的 21.88%。如鲤科的黑龙江鳔鳅、鲤鱼、麦穗鱼、高体鲄，鳅科的黑龙江泥鳅，鲇科的鲇等。

2）北极淡水鱼类类群

北极淡水鱼类类群形成于欧亚北部高寒地带北冰洋沿岸，该类群的鱼类是最适于低温的鱼类，它们都生活在山区的溪流中。这种水域，水流急湍、水质清澈、含氧量丰富、水温低，该类群大多数种类是在秋季产卵，卵一般产在石块或砂砾上。全区共记录到北极淡水鱼类类群 4 种，占保护区鱼类种数的 5.48%，本区土著鱼类种数的 6.25%，如鳕科的江鳕，鲑科的乌苏里白鲑等。

3）北方平原鱼类类群

北方平原鱼类类群是起源于北半球北部亚寒带平原区的种类，属于广氧型。鱼类对于水中的溶氧有很大的耐受力。在繁殖上，它们性成熟早、不保护卵，产黏浮性卵，适于沼泽与湖泊的水位变化。鲫鱼以植物碎屑和浮游生物为食，鲤鱼以水生昆虫为食。保护区共记录有北方平原鱼类类群 6 种，占保护区鱼类种数的 8.22%，保护区土著鱼类种数的 9.38%，如鲤科的瓦氏雅罗鱼，狗鱼科的黑斑狗鱼，鳅科的黑龙江花鳅等。

4）北方山麓鱼类类群

北方山麓鱼类类群是起源于北半球北部亚寒带山区的种类，这个复合体的鱼类对水中的溶氧量要求很高，是高度喜氧型。一般在春季气温较低的时候产卵，它们的卵一般具黏着性，在石块之间发育。与北半球西伯利亚山麓景观有关的亚寒带山区的鱼类。本区共记录有北方山麓鱼类类群 7 种，占保护区鱼类种数的 9.59%，保护区土著鱼类种数的 10.94%。如鲑科的细鳞鱼，茴鱼科的下游黑龙江茴鱼及鲤科的拉氏鳔等。

5）江河平原鱼类类群

江河平原鱼类类群是起源于第三纪早期古北区长江平原的鱼类，多是一些适于季风气候和开阔水域的上中层鱼类，对水中溶氧量要求较高，如大多数的鲤科鱼类及鮨科鱼类等。保护区共记录有江河平原鱼类类群 25 种，占保护区鱼类种数的 34.25%，保护区土著鱼类种数的 39.06%，如鲤科的马口鱼、鳡鱼、东北鳈、蒙古鲌、银鲴、东北颌须鮈，鳜鱼科的鳜鱼等。

6）亚热带平原鱼类类群

亚热带平原鱼类类群是起源于南岭以南亚热带地区的鱼类，多为适应高温和耐缺氧的种类，不善游泳，可以忍受暂时离水。保护区共记录亚热带平原鱼类类群 8 种，为保护区鱼类种数的 10.96%，保护区土著鱼类种数的 12.50%，如鲿科黄颡鱼，塘鳢科的葛氏鲈塘鳢及鳢科的乌鳢等。

3. 挠力河保护区鱼类分析

挠力河鱼类调查共记录到鱼类 9 目 16 科 47 属 60 种（含七鳃鳗类 1 种），为保护区鱼类(含七鳃鳗类)种数的 80%。其中鲤形目 2 科 27 属 38 种，占所采样本总数的 63.33%；

鲑形目 3 科 7 属 7 种，占样本总数的 11.67%；鲈形目 4 科 5 属 5 种，占总数的 8.33%；鲇形目 2 科 3 属 5 种，占总数的 8.33%，鳕形目、鲉形目、刺鱼目、颌针鱼目和七鳃鳗目均记录 1 科 1 属 1 种，占总数的 1.67%（表 4-16）。

表 4-16 挠力河流域鱼类组成

目	科	属	种
鲤形目	2	27	38
鲑形目	3	7	7
鲈形目	4	5	5
鲇形目	2	3	5
鳕形目	1	1	1
鲉形目	1	1	1
刺鱼目	1	1	1
颌针鱼目	1	1	1
七鳃鳗目	1	1	1
合计	16	47	60

由此可知，本次调查中挠力河流域主要鱼类由鲤形目、鲑形目、鲈形目和鲇形目构成，其中鲤形目鱼类占据较大比重，鲑形目次之，鲈形目与鲇形目再次之。

鲤形目 2 科中，鲤科 23 属 34 种，占该目物种总数的 89%；鳅科 4 属 4 种，占该目物种总数的 11%。由此可见，鲤形目鱼类主要由鲤科鱼类组成。

鲑形目 3 科中，鲑科 5 属 5 种，占该目物种总数的 72%；胡瓜鱼科 1 属 1 种，占该目物种总数的 14%；狗鱼科 1 属 1 种，占该目物种总数的 14%。鲑形目鱼类主要由鲑科构成。

鲈形目 4 科中，鳢科 1 属 1 种，占该目物种总数的 20%；鲐科 1 科 1 种，占该目物种总数的 20%；塘鳢科 2 属 2 种，占该目物种总数的 40%，鲈科 1 属 1 种，占该目物种总数的 20%。

鲇形目 2 科中，鲇科 1 属 2 种，占总数的 40%，鮠科 2 属 3 种，占 60%。

鳕形目、鲉形目、刺鱼目、颌针鱼目和七鳃鳗目均为 1 科 1 属 1 种，种类数量过于稀少无法形成捕捞规模。其中中华多刺鱼为乌苏里江特产小型鱼类（表 4-17）。

表 4-17 挠力河保护区主要目科鱼类组成及所占比例

目	科	属	种	占该目百分比/%
鲤形目	鲤科	23	34	89
	鳅科	4	4	11
鲑形目	鲑科	5	5	72
	胡瓜鱼科	1	1	14
	狗鱼科	1	1	14
鲈形目	鳢科	1	1	20
	鲐科	1	1	20

续表

目	科	属	种	占该目百分比/%
鲈形目	塘鳢科	2	2	40
	鲈科	1	1	20
鲇形目	鲇科	1	2	40
	鲿科	2	3	60

4. 鱼类分布

本次调查根据挠力河流域上中下游分别选取了长林岛挠力河上游主干道、长林岛地河、红旗岭、南通河、饶河农场（挠力河下游）、乌苏里江入江段共计 5 个样点。

由于各样点所处地理位置与自身条件，如水面宽度、积水深度、地质及环境不同，所采集鱼类种类数量各不相同。调查发现，乌苏里江入江段采集鱼类种类数共计 39 种，占总数的 65%；饶河农场采集鱼类种数共计 37 种，占总数的 61%；红旗岭采集鱼类种数为 36 种，占总数的 60%；长林岛采集鱼类种数共计 16 种，占总数的 27%；长林岛地河采集鱼类种数共计 13 种，占总数的 22%，南通河采集鱼类种数共计 10 种，占总数的 17%（表 4-18）。

表 4-18 挠力河保护区各采样点所采捕获鱼类种类

样点	物种数	占总物种数比例/%
长林岛	16	27
长林岛地河	13	22
红旗岭	36	60
南通河	10	17
饶河农场	37	61
挠力河河口	39	65

其中银鲫、鲤、湖鳋、鳘、黑龙江鳑鲏、鲇、黄颡鱼、乌鳢、鳜鱼、葛氏鲈塘鳢属于广布性鱼类，而团头鲂、花江鳋、花斑副沙鳅、拟赤梢鱼只在红旗岭出现，下游黑龙江茴鱼只在南通河出现，细体鮈、光泽黄颡鱼、兴凯鳘、青鳉只在挠力河河口出现（表 4-19）。

表 4-19 挠力河保护区各采样点鱼类分布

序号	种类	长林岛	长林岛地河	红旗岭	南通河	饶河农场	挠力河河口
1	雷氏七鳃鳗 Lampetra reissneri	+		+			
2	马口鱼 Opsariichthys bidens					+	
3	翘嘴鲌 Culter alburnus			+		+	
4	瓦氏雅罗鱼 Leuciscus waleckii	+		+			+
5	湖鳋 Phoxinus percnurus	+	+	+		+	+
6	花江鳋 Phoxinus czekanowskii			+			
7	拟赤梢鱼 Pseudaspius leptocephalus			+			

续表

序号	种类	长林岛	长林岛地河	红旗岭	南通河	饶河农场	挠力河河口
8	草鱼 *Ctenopharyngodon idellus*			+		+	+
9	鳡 *Elopichthys bambusa*			+		+	
10	鲦 *Hemiculter leucisculus*		+	+		+	+
11	贝氏鲦 *Hemiculter bleekeri*			+			+
12	兴凯鲦 *Hemiculter lucidus*						
13	红鳍原鲌 *Cultrichthys erythropterus*					+	
14	兴凯鲌 *Chanodichthys dabryi* subsp. *shinkainensis*						+
15	蒙古鲌 *Chanodichthys mongolicus* subsp. *mongolicus*					+	
16	鳊 *Parabramis pekinensis*				+	+	+
17	团头鲂 *Megalobrama amblycephala*			+			
18	银鲴 *Xenocypris argentea*			+		+	+
19	细鳞鲴 *Xenocypris microlepis*			+		+	+
20	大鳍鱊 *Acheilognathus macropterus*					+	+
21	黑龙江鳑鲏 *Rhodeus sericeus*	+	+	+			+
22	唇䱻 *Hemibarbus labeo*			+	+	+	
23	花䱻 *Hemibarbus maculatus*	+		+			+
24	麦穗鱼 *Pseudorasbora parva*		+	+		+	+
25	东北鳈 *Sarcocheilichthys lacustris*			+		+	
26	克氏鳈 *Sarcocheilichthys czerskii*					+	
27	细体鮈 *Gobio tenuicorpus*						+
28	高体鮈 *Gobio soldatovi*			+			+
29	银鮈 *Squalidus argentatus*					+	+
30	棒花鱼 *Abbottina rivularis*						+
31	蛇鮈 *Saurogobio dabryi*	+		+		+	+
32	鲤 *Cyprinus carpio*	+		+	+		+
33	银鲫 *Carassius auratus* subsp. *gibelio*	+	+	+	+		+
34	鳙 *Aristichthys nobilis*					+	
35	鲢 *Hypophthalmichthys molitrix*					+	
36	北鳅 *Lefua costata*	+	+	+	+		+
37	黑龙江花鳅 *Cobitis lutheri*	+		+			+
38	黑龙江泥鳅 *Misgurnus mohoity*		+	+			+
39	花斑副沙鳅 *Parabotia fasciata*			+			
40	黄颡鱼 *Pelteobagrus fulvidraco*	+	+	+			+
41	光泽黄颡鱼 *Pelteobagrus nitidus*						+
42	乌苏拟鲿 *Pseudobagrus ussuriensis*			+		+	
43	怀头鲇 *Silurus soldatovi*			+		+	
44	鲇 *Silurus asotus*	+	+	+		+	+
45	池沼公鱼 *Hypomesus olidus*						
46	大麻哈鱼 *Oncorhynchus keta*				+	+	+

续表

序号	种类	长林岛	长林岛地河	红旗岭	南通河	饶河农场	挠力河河口
47	哲罗鲑 *Hucho taimen*					+	
48	细鳞鲑 *Brachymystax lenok*					+	+
49	乌苏里白鲑 *Coregonus ussuriensis*				+	+	+
50	下游黑龙江茴鱼 *Thymallus tugarinae*				+		
51	黑斑狗鱼 *Esox reicherti*	+	+	+		+	+
52	江鳕 *Lota lota*					+	
53	青鳉 *Oryzias latipes*						+
54	中华多刺鱼 *Pungitius sinensis*		+	+			+
55	中杜父鱼 *Mesocottus haitej*				+	+	
56	鳜鱼 *Siniperca chuatsi*		+	+	+	+	+
57	河鲈 *Perca fluviatilis*	+					+
58	葛氏鲈塘鳢 *Perccottus glenii*	+		+		+	+
59	黄黝鱼 *Hypseleotris swinhonis*			+			
60	乌鳢 *Channa argus*	+	+	+		+	+

注：+表示该物种出现，空白表示未出现。

一些国家濒危鱼类，如雷氏七鳃鳗在长林岛、红旗岭出现。哲罗鱼仅在饶河农场出现，乌苏里白鲑在饶河农场、南通河、挠力河河口均有出现，下游黑龙江茴鱼仅在南通河出现，怀头鲇在红旗岭、饶河农场和挠力河河口均有出现；乌苏里江特产鱼类中华多刺鱼在长林岛地河、红旗岭出现且数量较多，挠力河河口虽也有发现但是数量极少。

总体来说，鲤形目、鲇形目和鲈形目鱼类多数较为分散，水平分布不明显；少数鱼类集中在中上游出现。鲑形目、鲉形目、鳕形目鱼类主要集中在挠力河下游。颌针鱼目只在挠力河下游出现，七鳃鳗目鱼类只发现1种，在挠力河中上游发现，刺鱼目主要集中在下游，上游也有分布，中游可能由于某些原因没有分布，也不排除由于采样方法失误在中游采样过程中未采集到。

综上所述，挠力河流域鱼类多样性呈现出下游>中游>上游的规律。造成以上结果的原因可能是挠力河下游连通乌苏里江，下游连同入江口水面变宽，底质以及水域环境复杂多样，食物充足，足以满足多数鱼类生存，所以鱼类种类较多；中游及上游水面相对较窄，底质及环境较为单一，同时饵料也不足以满足多数鱼类生存，故而种类依次减少。

由于南通河水域遭受到化工类污染物污染，致使其水域环境受到严重破坏，鱼类生存环境被破坏，造成该水域大量鱼类死亡，故而该点鱼类种类数极少。

5. 鱼类食性分析及组成

根据食性不同挠力河流域鱼类可以分为植食、肉食、杂食三个不同类型。分析所调查样本显示，挠力河杂食性鱼类共计25种，占总数的42%，肉食性鱼类共计33种，占总数的55%，植食性鱼类共计2种，占总数的3%。

其中，肉食性鱼类主要以鲑形目、鲤形目、鲈形目为主，杂食性鱼类多数为鲤形目，草食性鱼类为鲤鱼目（附表2）。

第八节　本章小结

一、挠力河保护区野生动物资源概况

挠力河流域景观类型多样，拥有大面积的沼泽、水域、灌丛、草甸及森林。该流域气候条件和栖息生境适宜种类繁多的动物栖息繁衍，动物资源十分丰富。据野外调查和查阅相关资料，现记录有脊椎动物 6 纲 40 目 97 科 398 种，包括兽类 6 目 16 科 52 种，鸟类 19 目 55 科 248 种，爬行类 3 目 4 科 13 种，两栖类 2 目 5 科 10 种，鱼类 9 目 16 科 73 种，七鳃鳗类 1 目 1 科 2 种。

二、挠力河保护区兽类资源概况

根据野外调查并参考相关资料，本区共有兽类计 6 目 16 科 52 种，占全省兽类种数的 59.09%。以啮齿目（16 种）和食肉目（17 种）种类占优势，占本区兽类种数的 63.46%。其次为食虫目（6 种）、偶蹄目（5 种）、翼手目（5 种）和兔形目（3 种）。依中国动物地理区划，本区隶属于古北界、东北区、长白山亚区、三江平原省。古北界的兽类占绝大部分，为 42 种，占该地区兽类种数的 80.77%；属广布种的兽类为 8 种，占保护区兽类种数的 15.38%；属于东洋界的兽类仅 2 种，占该地区兽类种数的 3.85%。

三、挠力河保护区鸟类资源概况

根据野外调查并参考相关资料，本区共有鸟类 19 目 55 科 248 种。通过 2015 年四个季节调查，在挠力河保护区统计到鸟类 15 目 42 科 174 种 286 167 只。从鸟类栖息类型上看，因其栖息地生境不同，按自然景观可分为水域、沼泽、草甸、森林和灌丛、居民区及农田和荒地 6 个生境类型的鸟类。

四、挠力河保护区爬行类资源概况

本区现有爬行类 3 目 4 科 13 种，占黑龙江省爬行类总数 16 种的 81.25%。在 13 种分布的爬行动物中，鳖的数量稀少，主要分布在挠力河，黑龙江草蜥比较常见。游蛇科 7 种中白条锦蛇、赤峰锦蛇、棕黑锦蛇分布比较广泛，且为该地的优势种，蝮蛇也较为常见，其余种类数量较少。2015 年春季、夏季、秋季在挠力河保护区共进行了 6 次调查，共捕获到爬行动物 3 科 6 种 14 只。

五、挠力河保护区两栖类资源概况

根据野外调查并参考相关资料，本区现有两栖类动物 2 目 5 科 10 种，占黑龙江省两栖动物种数的 83.33%。优势种有黑斑侧褶蛙、中华蟾蜍等，花背蟾蜍、极北鲵、东北雨蛙、黑龙江林蛙为常见种，东方铃蟾、粗皮蛙数量较少。2015 年春季、夏季进行两次调查，共记录到两栖类动物 2 目 4 科 7 种共计 202 只。

六、挠力河保护区鱼类资源概况

根据野外调查并参考相关资料，本区现有鱼类 10 目 17 科 75 种（含七鳃鳗类 1 目 1

科 2 种）。其中鲤形目 2 科 48 种，占保护区鱼类种数的 65.75%；鲑形目 3 科 8 种，占保护区鱼类种数的 10.96%；鲈形目 4 科 5 种，占保护区鱼类种数的 6.85%；鲇形目 2 科 5 种，占保护区鱼类种数的 6.85%；鳕形目 1 科 1 种，占保护区鱼类种数的 1.37%；鲉形目和鲟形目均 1 科 2 种，占保护区鱼类种数的 2.74%；刺鱼目 1 科 1 属 1 种，占保护区鱼类种数的 1.37%，颌针鱼目 1 科 1 种，占保护区鱼类种数的 1.37%。挠力河流域主要鱼类由鲤形目、鲑形目、鲈形目和鲇形目构成，其中鲤形目鱼类占据较大比重，鲑形目次之，鲈形目与鲇形目再次之。

参 考 文 献

董崇志, 姜作发. 2004. 黑龙江·绥芬河·兴凯湖渔业资源. 哈尔滨: 黑龙江科学技术出版社.

黑龙江省野生动物研究所. 1992. 黑龙江省鸟类志. 北京: 中国林业出版社.

刘兴土, 马学慧. 2002. 三江平原自然环境变化与生态保育. 北京: 科学出版社.

吕宪国. 2009. 三江平原湿地生物多样性变化及可持续利用. 北京: 科学出版社.

罗春雨. 2009. 三江平原挠力河流域景观多样性分析. 国土与自然资源研究, 2: 58-60.

罗春雨, 倪红伟, 高玉慧. 2007. 黑龙江挠力河自然保护区生物多样性分析. 国土与自然资源研究, 4: 59-61.

马逸清. 1986. 黑龙江省兽类志. 哈尔滨: 黑龙江科学技术出版社.

汪松. 1998. 中国濒危动物红皮书. 北京: 科学出版社.

王广鑫. 2015. 挠力河自然保护区野生动物物种达 593 种. 北大荒日报, 2015-01-27(001).

吴宪忠. 1993. 黑龙江省野生动物. 哈尔滨: 黑龙江科学出版社.

吴征镒. 1980. 中国植被. 北京: 科学出版社.

张荣祖. 2004. 中国动物地理. 北京: 科学出版社.

赵文阁. 2008. 黑龙江省两栖爬行动物志. 北京: 科学出版社.

赵文阁. 2018. 黑龙江省鱼类原色图鉴. 北京: 科学出版社.

赵文阁, 许纯柱, 刘鹏. 2010. 黑龙江省脊椎动物检索表. 哈尔滨: 黑龙江人民出版社.

郑光美. 2017. 中国鸟类分类与分布名录 (第三版). 北京: 科学出版社.

Smith A T, 谢焱. 2009. 中国兽类野外手册. 郑州: 河南教育出版社.

第五章　湿地水资源与水环境

第一节　地表水资源现状及流域管理

一、挠力河流域水系特征

挠力河是乌苏里江在中国境内的主要支流，发源于完达山脉勃利县境内的七里嘎山，自西南流向东北，在宝清镇北的国营鱼亮子处，分为大、小挠力河两股水流，小挠力河流向东偏北，经东升乡折向北，河道长 50km，至板庙亮子汇入大挠力河，大、小挠力河在此段形成一个橄榄形的"夹心岛"。挠力河干流向东北流经菜嘴子处折向东，于东安镇入乌苏里江，全长 596km（图 5-1）。其中菜嘴子水文站至河口长 65km。河流汇入平原之后弯曲系数一般在 1.8 以上，局部河段达到 3 左右，河道坡降变化较大，挠力河上游为 1/200～1/800，中游平地为 1/4000～1/15 000，下游坡降为 1/8000。河流右岸主要有支流大索伦河、小索伦河、蛤蟆通河、清河、七里沁河、大佳河、小佳河；河流左岸主要发育有支流内七星河和外七星河。内七星河发源于双鸭山市七星褶子山，后经过七星河湿地保护区汇入挠力河干流；外七星河发源于完达山北麓的双鸭山，于菜嘴子断面以上 4km 处汇入挠力河。

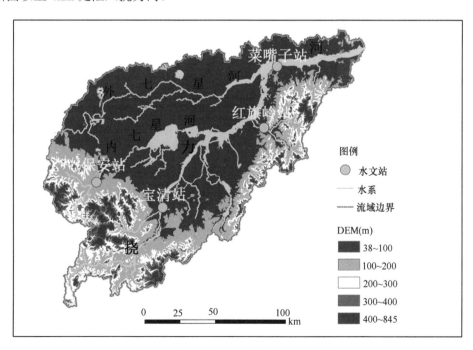

图 5-1　挠力河流域水系及水文站位置图

二、流域地表水资源量及其对湿地的补给分析

1. 流域地表水资源量

挠力河流域多年平均地表水资源量为 $23.51\times10^8\text{m}^3$，丰水年（$P$=25%）年径流量为 $31.57\times10^8\text{m}^3$，平水年（$P$=50%）年径流量为 $19.41\times10^8\text{m}^3$，枯水年（$P$=75%）年径流量为 $10.87\times10^8\text{m}^3$。

2. 径流对湿地的补给分析

1）径流对湿地补给的年际变化特征

湿地上游及区间地表来水是湿地的最重要补水来源。挠力河及内七星河是湿地上游地表来水的主要河流。区间地表水主要为蛤蟆通河、大索伦河、小索伦河、清河、七里沁河、外七星河等挠力河支流。由于挠力河流域只有 4 个水文站，很多支流和湿地的入口处以及出口处均没有水文站，缺乏径流对湿地的全面补给特征分析。但通过 4 个水文站的径流变化也可以反映出湿地水资源补给的特征。水文站的集水面积和年平均径流量如表 5-1 所示。其中，保安站位于七星河国家湿地保护区的上游，宝清站位于挠力河保护区的上游，红旗岭站位于挠力河国家湿地保护区区间来水的支流，菜嘴子站位于挠力河国家湿地保护区的下游干流。

表 5-1 挠力河流域水文站点及其集水面积

水文站	流域	集水面积/km²	年平均径流量/×10⁸m³
宝清站	挠力河	3 689	5.62
保安站	七星河	1 344	2.40
红旗岭站	七里沁河	1 147	3.21
菜嘴子站	挠力河	20 796	18.17

近 60 多年以来，由于气候变化和人类活动的影响，河道径流对湿地水资源的补给量均发生了显著变化。

通过 Mann-Kendall 法和数理统计法对挠力河流域内 4 个水文站点 1956～2015 年径流对湿地补给的月平均变化特征进行分析。分析结果表明：挠力河流域内的 4 个水文站点的年径流量均发生了突变（图 5-2），宝清站、菜嘴子站和保安站突变点均发生于 1965～1966 年，红旗岭站年径流量突变点发生于 1962～1963 年，这些站点径流突变的发生是降水变化和人类对水资源开发增强共同作用的结果（闫敏华等，2004）。此外，由于宝清站上游建设了三江平原最大的水库——龙头桥水库，对挠力河下游湿地的水文情势产生了巨大的影响（刘正茂等，2007），该水库于 2002 年开始运行，因此在宝清站和菜嘴子站径流补给变化的分析过程中增加了 2002 年的时间节点。

各个时间节点前后的多年径流量补给均值和年际变异系数 C_v 均发生不同程度的变化。多年径流补给均值呈现减少的趋势，菜嘴子站减少幅度最大，尤其是 2002～2015 年，比突变前减少了 65.7%；突变后径流补给量年际不均匀系数 C_v 均有增加，其中宝清

站 C_v 增加最大，大约是突变前的 2 倍，菜嘴子站 C_v 值最大，多年径流变化幅度最为剧烈，红旗岭站不均匀系数最小，且系数变化幅度也最小（表 5-2）。根据多年径流补给量年际变化分析，挠力河流域年径流量呈现明显地减少趋势（图 5-3），且减少趋势达到了 0.05 显著性水平（图 5-3）。

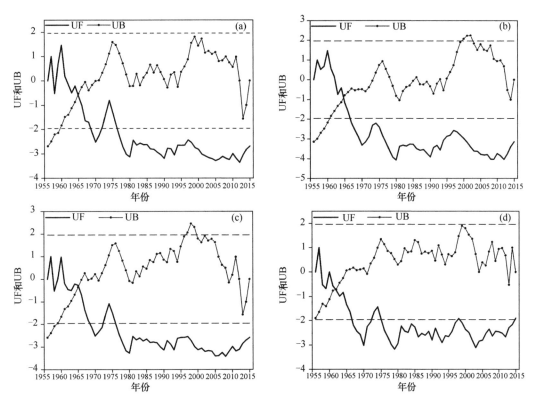

图 5-2 径流突变点检测

（a）宝清站；（b）菜嘴子站；（c）保安站；（d）红旗岭站

表 5-2 挠力河流域各水文站多年平均径流对湿地补给的变化量及年际不均匀系数（C_v）

水文站	时段	均值/$\times 10^8 m^3$	$\Delta H/\%$	C_v
宝清站	1956～1965 年	8.95	—	0.39
	1966～2001 年	4.27	−52.3	0.74
	2002～2015 年	3.64	−59.3	0.70
菜嘴子站	1956～1965 年	30.80	—	0.45
	1966～2001 年	13.15	−57.3	0.79
	2002～2015 年	10.55	−65.7	0.70
保安站	1956～1965 年	3.25	—	0.38
	1966～2015 年	1.54	−52.6	0.70
红旗岭站	1956～1962 年	3.99	—	0.38
	1963～2015 年	2.42	−39.3	0.44

注：ΔH 为径流变化率。

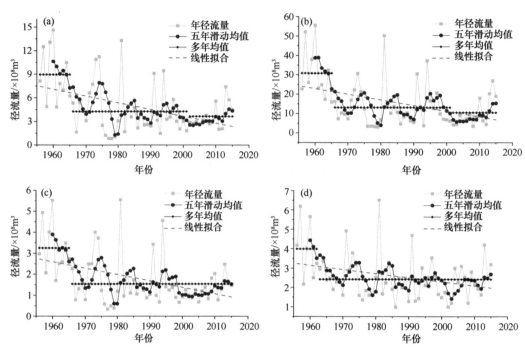

图 5-3 径流对湿地补给的年际变化及突变点前后多年均值变化
（a）宝清站；（b）菜嘴子站；（c）保安站；（d）红旗岭站

2）径流对湿地补给的年内变化特征

从季节上看，各站断面径流在突变前后对春季（3~5 月）、夏季（6~8 月）、秋季（9~11 月）和冬季（12 月至翌年 2 月）湿地补给均有不同程度的变化（表 5-3），且年内补给量差异较大，其中宝清站断面突变前后夏季径流补给量均占全年的 50%左右，为4 个站中最大。此外，值得一提的是各站有一个共同的特征，就是突变后春季的径流补给量与年径流补给量的比值（$Q_季$ / $Q_年$）均有所增加，而秋季的 $Q_季$ / $Q_年$ 有所减小，说明春季径流补给量在全年径流补给量的比重增加，秋季有所减少，通过分析发现，这种现象主要是由于春季和秋季径流对湿地的补给量均有所减少，而春季径流补给减小的幅度小于年径流补给减小的幅度，秋季径流补给减小的幅度大于年径流补给减小的幅度所致。

表 5-3 各站径流对湿地补给的年内分配及不均匀系数（C_y）

水文站	时间段	项目	春季			夏季			秋季			冬季			C_y
宝清站	1956~1965 年	$Q_月$ /亿 m³	0.01	0.73	1.07	0.80	1.04	2.60	1.64	0.76	0.25	0.03	0.01	0.00	
		$Q_月$ / $Q_年$ /%	0.11	8.14	11.96	8.91	11.62	29.07	18.32	8.53	2.85	0.37	0.08	0.04	1.06
		$Q_季$ / $Q_年$ /%		20.21			49.60			29.70			0.50			
	1966~2001 年	$Q_月$ /亿 m³	0.01	0.49	0.68	0.55	0.50	0.92	0.52	0.43	0.14	0.02	0.00	0.00	
		$Q_月$ / $Q_年$ /%	0.28	11.57	15.97	12.88	11.69	21.59	12.10	10.03	3.39	0.45	0.04	0.01	0.87
		$Q_季$ / $Q_年$ /%		27.82			46.16			25.52			0.50			
	2002~2015 年	$Q_月$ /亿 m³	0.08	0.40	0.74	0.60	0.69	0.60	0.22	0.16	0.07	0.02	0.00	0.00	
		$Q_月$ / $Q_年$ /%	2.14	10.86	20.21	16.37	19.02	16.56	6.17	4.30	1.88	0.62	0.09	0.03	0.96
		$Q_季$ / $Q_年$ /%		33.21			51.94			12.35			0.75			

续表

水文站	时间段	项目	春季			夏季			秋季			冬季			C_y
菜嘴子站	1956~1965年	$Q_月$/亿 m³	0.05	1.98	4.12	3.26	2.43	2.40	4.29	6.20	4.33	1.54	0.16	0.03	
		$Q_月$/$Q_年$/%	0.17	6.43	13.37	10.58	7.87	7.78	13.92	20.14	14.08	5.00	0.51	0.11	0.76
		$Q_季$/$Q_年$/%	19.97			26.23			48.14			5.62			
	1966~2001年	$Q_月$/亿 m³	0.03	1.26	1.91	1.48	1.09	1.63	1.98	1.89	1.30	0.51	0.08	0.01	
		$Q_月$/$Q_年$/%	0.19	9.55	14.52	11.29	8.27	12.38	15.02	14.36	9.88	3.86	0.59	0.08	0.69
		$Q_季$/$Q_年$/%	24.27			31.94			39.26			4.53			
	2002~2015年	$Q_月$/亿 m³	0.04	1.03	1.95	1.07	0.91	1.55	1.47	0.99	0.56	0.27	0.07	0.02	
		$Q_月$/$Q_年$/%	0.34	9.73	18.46	10.11	8.60	14.68	13.89	9.42	5.28	2.60	0.68	0.20	0.78
		$Q_季$/$Q_年$/%	28.53			33.40			28.59			3.48			
保安站	1956~1965年	$Q_月$/亿 m³	0.01	0.28	0.34	0.29	0.38	0.96	0.54	0.33	0.09	0.02	0.01	0.00	
		$Q_月$/$Q_年$/%	0.38	8.57	10.50	8.95	11.70	29.45	16.61	10.20	2.92	0.50	0.17	0.07	1.04
		$Q_季$/$Q_年$/%	19.45			50.10			29.73			0.74			
	1966~2015年	$Q_月$/亿 m³	0.03	0.21	0.28	0.14	0.17	0.18	0.10	0.10	0.05	0.01	0.00	0.00	
		$Q_月$/$Q_年$/%	2.20	13.64	17.94	9.19	10.98	11.54	6.73	6.40	3.28	0.91	0.20	0.01	0.79
		$Q_季$/$Q_年$/%	33.78			31.70			16.42			1.11			
红旗岭站	1956~1962年	$Q_月$/亿 m³	0.00	0.44	0.53	0.37	0.53	0.93	0.68	0.38	0.11	0.01	0.00	0.00	
		$Q_月$/$Q_年$/%	0.11	11.09	13.20	9.29	13.35	23.23	17.09	9.46	2.78	0.38	0.03	0.00	0.93
		$Q_季$/$Q_年$/%	24.40			45.88			29.32			0.41			
	1963~2015年	$Q_月$/亿 m³	0.01	0.46	0.50	0.22	0.29	0.42	0.21	0.19	0.09	0.00	0.00	0.00	
		$Q_月$/$Q_年$/%	0.29	19.01	20.71	9.10	12.02	17.32	8.76	7.84	3.73	0.51	0.07	0.03	0.93
		$Q_季$/$Q_年$/%	40.00			38.43			20.33			0.62			

注：$Q_月$ 为月径流量，$Q_季$ 为季径流量，$Q_年$ 为年径流量。

挠力河流域径流对湿地补给的年内变化特征明显，突变前宝清站和保安站的年内不均匀系数 C_y 均超过 1，突变后只有红旗岭站 C_y 不变，其余各站均有所变化（表 5-3），相对于 1956~1965 年，宝清站在 1966~2001 年减少了 17.9%，在 2002~2015 年减少了 9.4%；菜嘴子站在 1966~2001 年减少了 9.2%，在 2002~2015 年增加了 2.6%；保安站在 1966~2015 年减少了 24%。不均匀系数减少说明挠力河径流年内变幅正在变小，不均匀系数增加则说明，年内变幅增加。

从年内各月径流对湿地补给的水量曲线变化来看（图 5-4），径流突变后，5~10 月的径流对湿地的补给均有不同程度地减少，除菜嘴子站外，其余各站减少幅度最大的时间是在夏汛期间。相对于 1956~1965 年，宝清站在 1966~2001 年夏汛期径流对湿地的补给量减少了 64.6%，在 2002~2015 年减少了 76.5%；保安站在 1966~2015 年夏汛期径流对湿地的补给量减少了 70.3%；菜嘴子站汛期在秋季，在 1966~2001 年汛期径流对湿地的补给量减少了 69.6%，在 2002~2015 年减少了 83.5%；相对于 1956~1962 年，红旗岭站在 1963~2015 年夏汛期径流对湿地的补给量减少了 55.5%。

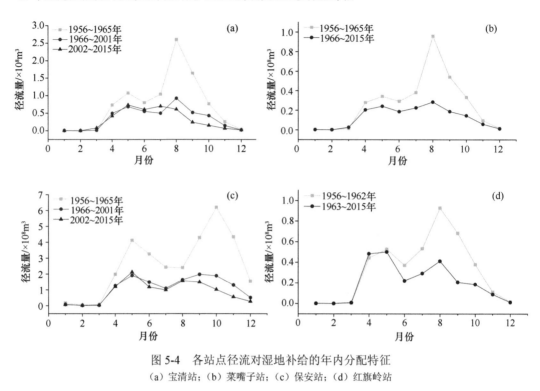

图 5-4　各站点径流对湿地补给的年内分配特征
（a）宝清站；（b）菜嘴子站；（c）保安站；（d）红旗岭站

第二节　挠力河流域地下水资源现状及开发利用评估

一、流域地下水资源量

1. 潜水含水层系统组成分析

挠力河流域第四系孔隙含水层系统分布范围最广泛，其储存量和开采量最大，补、径、排条件较好，是重点研究的含水层亚系统，包括上更新统向阳川组、中更新统浓江组、下更新统绥滨组、别拉洪河组、冲积层和全新统冲积层 6 个基本的含水层单位（图 5-5）。第四系孔隙含水层亚系统均为第四系冲积、冲-洪积、冲-湖积的松散沉积物，以粒间孔隙为储水空间与径流通道；在区域内成层分布，绝大部分地区构成上、中、下更新统含水层，其间无区域性隔水层，各含水层之间水力联系密切，形成厚度较大的第四系含水层亚系统。其周边边界：西部、南部及东南部为第四系中更新统浓江组黏土层和前第四纪地层构成的弱透水边界，北部及东北都的七星河、莲花河、别拉洪河分水岭和乌苏里江为水位与流量边界（杨湘奎等，2008）。

2. 浅层地下水循环系统分析

挠力河流域属于一个大型地下水汇水系统，具有区域地下水流动系统的特征，且区域地下水流场主要受地形地貌、水文气象和人类活动影响。该流域浅层第四系孔隙水接受大气降水的入渗、河渠入渗和农业灌溉回渗等补给，通过浅水含水层的蒸发、工业、农业及生活用水开采等方式进行排泄，因此流域地下水的流动系统为局部流动系统，即浅层地下水循环系统。

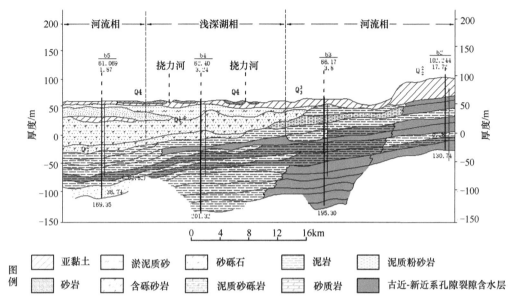

图 5-5　挠力河流域含水层系统分布剖面

1）地下水的补给

降水入渗是挠力河流域最为主要的补给来源，其次是灌溉回渗、河渠入渗和湿地入渗。降水入渗补给量受到许多因素的影响，其中包括降水量的强度、地形地貌、包气带岩性、地下水位埋深、土壤含水量和植被覆盖程度等，它们对降水入渗补给量在不同程度上都有一定的影响作用；河道入渗也是流域地下水的一个重要补给来源，流域水系丰富，且在平原区域由于坡降较小，河流流速缓慢，与河道两岸的地下水水位有充足的水力联系；且人工灌溉渠道纵横交错，因此使浅层地下水得到大量的灌溉回渗和渠道入渗补给；由于地下水埋深逐年增加，低于湿地的底部高程，因此激发了湿地对地下水的补给。

2）地下水的排泄

随着社会经济的快速发展，地下水的开采已经成为地下水排泄的最主要方式，其次为地下水径流、潜水蒸发和越流补给深层地下水等。流域内工业、生活用水基本全部来源于地下水，而农业灌溉用水更是以开采地下水为主，因此人类开采是地下水排泄的最主要方式；滩地、背河洼地、山地、地下水开采小的地区，水位埋深浅，地下水蒸发量较大；流域深层含水层水位普遍低于浅层含水层水位，在弱透水层较薄的地区，深层含水层和浅层含水层还存在着一定的越流排泄，另外，挠力河流域下游地区水力坡度小，径流滞缓，所以地下径流排泄量也很小。

挠力河流域在大地构造单元上属合江内陆中断陷，处于老爷岭地块、太平洋海西褶皱带，自始新世开始下沉，晚第三纪缓慢回升，沉积了巨厚的第三系鹤立组、宝泉岭组和富锦组泥炭、砂岩、砂砾岩及第四系砂、砂砾石、砾卵石层。其中第四系砂、砂砾石、砾卵石的孔隙中赋存有丰富的松散盐类孔隙水,第三系砂岩、砂砾岩的孔隙裂隙中赋存有孔隙裂隙水,并由此形成了该区的地下水储水系统(卢文喜等,2007)。

3. 流域地下水资源量及单井用水量

挠力河流域多年平均地下水资源量为 $16.91 \times 10^8 \text{m}^3$,平原区为 $12.51 \times 10^8 \text{m}^3$,山区为 $5.14 \times 10^8 \text{m}^3$。平原区受下降运动控制,接受了巨厚的第四系沉积物,形成了潜水含水层。第四系沉积物最大厚度可达 100m,形成了厚层的孔隙水含水系统。含水层厚度不等,平原边部含水层厚度仅 20~50m,其他地区含水层厚度 50~100m;由于岩相及补给条件差别较大,其富水性亦有明显的差异,根据单井涌水量将流域分为水量丰富区、水量较丰富区、水量中等区和水量贫乏区,如表 5-4 所示。

表 5-4 挠力河流域单井涌水量分区

流域分区	分布区域	单井涌水量/(m³/d)
丰富区	流域低平原河漫滩地区	3000~5000
较丰富区	流域低平原及一级阶地地区	1000~3000
中等区	残丘附近,宝清山前台地前缘地区和山间河谷地带	100~1000
贫乏区	山丘区河流支谷地带及山前台地	小于 100

二、流域地下水开发利用评估

1. 地下水与湿地水的转化关系

根据接触带尺度湿地地表水-地下水的水力特征,将两者转化关系划分为 4 种模式(Jolly and Rassam,2009;范伟等,2012):①非饱和流-补给型,湿地下垫面与地下水面之间存在不相连的非饱和区间,湿地地表水垂向渗流补给地下水,多见于季节性湿地系统;②饱和流-补给型,湿地下垫面与含水层直接连通且湿地水位高于周边地下水,湿地水体因而成为周边地下水的补给来源;③饱和流-排泄型,与水力梯度相反,四周地下水补给湿地;④饱和流-贯穿型,地下水流场的水力梯度方向连续一致,导致湿地在上游接受地下水补给,在下游排泄至地下水,地下水流"贯穿"整个湿地。需要指出的是,由于湿地水文过程受气候变化及人类活动等多种因素的影响,地下水与湿地水的转化关系具有一定的时空变异性。

根据实测地下水水位与湿地水位的对比分析,挠力河流域地下水与湿地水的转化关系主要分为三种,即饱和流-排泄型、非饱和流-补给型和饱和流-排泄型与饱和流-补给型相互转化。

1)饱和流-排泄型

饱和流-排泄型的转化关系主要分布于流域上游。这些区域地形坡度大,地下水接受山区侧向径流补给,这些区域没有工业和灌溉农业,地下水开采量小。根据宝清水文站河道的湿地水位和附近的地下水监测井水位对比可知,这些区域地下水水位常年高于湿地水位,两者关系如图 5-6 所示。

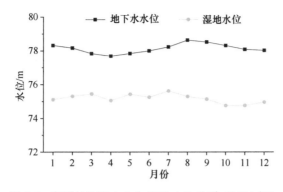

图 5-6　宝清站地下水水位-湿地水位关系（2014 年）

2）非饱和流-补给型

非饱和流-补给型主要分布于流域下游地下水开采量较大的平原区。这些地区主要依靠开采地下水大规模发展灌溉农业，地下水超采率高，导致地下水水位持续下降。根据菜嘴子水文站河道湿地水位和附近的地下水监测井水位对比可知，这些区域地下水水位常年低于湿地水位，两者关系如图 5-7 所示。

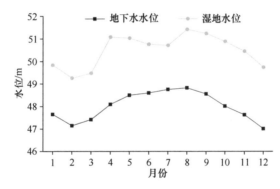

图 5-7　菜嘴子站地下水水位-湿地水位关系（2014 年）

3）饱和流-排泄型与饱和流-补给型相互转化

饱和流-排泄型与饱和流-补给型相互转化的区域主要分布于挠力河流域中游，如挠力河保护区湿地和七星河国家级自然保护区湿地。这些区域灌溉方式以地下水-地表水联合灌溉为主，没有形成上述任何一种单一转化关系，而是地下水水位和湿地水位高低随着季节变化，相互补给。根据挠力河保护区范围内的红旗岭水文站湿地水位和附近的地下水监测井水位对比可知，在枯水期（1~3 月和 10~12 月）地下水水位高于河水位，此时地下水补给湿地；在丰水期（4~9 月），地下水水位低于湿地水位，此时湿地水位补给地下水，两者关系如图 5-8 所示。

2. 人类活动对地下水的影响

流域内平原区天然状态下的地下水动态类型属于入渗-蒸发型，但由于近年来流域内灌溉农业发展迅速（图 5-9），其中灌溉又以开采地下水为主，人工开采成为地下水的主要排泄方式，部分地区地下水动态类型转化为开采型（顾学志，2017）。

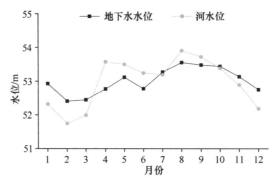

图 5-8　红旗岭站地下水水位-湿地水位关系（2014 年）

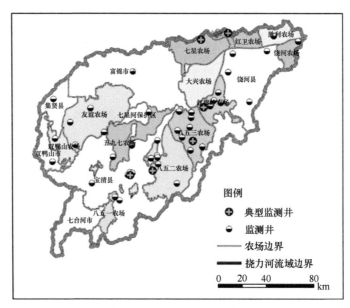

图 5-9　挠力河流域农场及监测井空间分布

1）人类开采对地下水年内变化的影响

根据现有资料，选取了典型的 6 眼井对流域内地下水多年月平均变化进行分析（图 5-10），表明宝清县 [图 5-10（a）] 和红旗岭农场 [图 5-10（d）] 地下水受降水和人类开采等因素影响年内变化比较相似，地下水动态类型为入渗-蒸发型，在旱季地下水排泄量大于补给量，地下水埋深呈现增加的趋势；在雨季，地下水接受大气降水的补给，补给量大于排泄量，地下水埋深呈现减小的趋势，两地不同之处在于，宝清县年末地下水埋深大于年初，地下水埋深呈现出超采的迹象，而红旗岭农场年末地下水埋深小于年初，呈现出减少的趋势。八五二农场 [图 5-10（b）]、八五三农场 [图 5-10（c）]、创业农场 [图 5-10（e）] 和七星农场 [图 5-10（f）] 地下水埋深则呈现出明显的开采型动态特征，且为灌溉开采型，由于灌溉水稻的需求，4～8 月的持续开采，致使地下水埋深在这期间持续增加，在 7～8 月地下水埋深达到最大值，之后由于开采停止，降水、径流等的补给，地下水埋深逐渐减小，但可以看出这些农场年末地下水埋深大于年初，均处于超采的状态，其中创业农场增幅最大，达 0.6m/a，八五二农场增幅最小，为 0.03m/a，而八五三农场平均埋深最大，且年内变幅也最大，达 13.9m，说明该区人类对地下水开采量巨大。

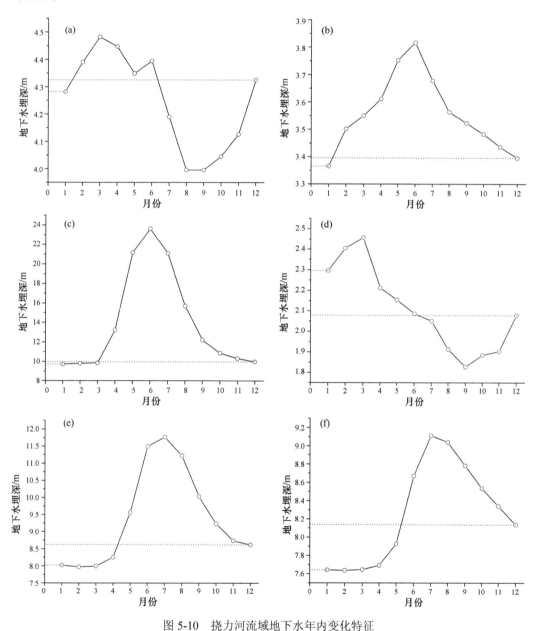

图 5-10　挠力河流域地下水年内变化特征

（a）宝清县；（b）八五二农场；（c）八五三农场；（d）红旗岭农场；（e）创业农场；（f）七星农场

2）人类开采对地下水年际变化的影响

对上述 6 眼监测井多年地下水埋深均值进行分析（图 5-11），其中宝清县 [图 5-11（a）]、创业农场 [图 5-11（e）] 和七星农场 [图 5-11（f）] 地下水埋深增加明显；八五二农场［图 5-11（b）］和八五三农场［图 5-11（c）］地下水埋深增加稍缓，但八五三农场地下水埋深起伏波动最大，最高波动幅度达 20m；只有红旗岭农场［图 5-11（d）］地下水埋深呈现减小的趋势。大面积的地下水持续超采，尤其在流域中游平原区，会改变地下水与湿地水的转化关系。当地下水埋深逐年增加到一定深度以后，随季节变化，两者转化关系也将由饱和流-排泄型与饱和流-补给型相互转化的特征变为饱和流-补给型，如果埋深继续增加，两者转化关系将变为非饱和流-补给型。

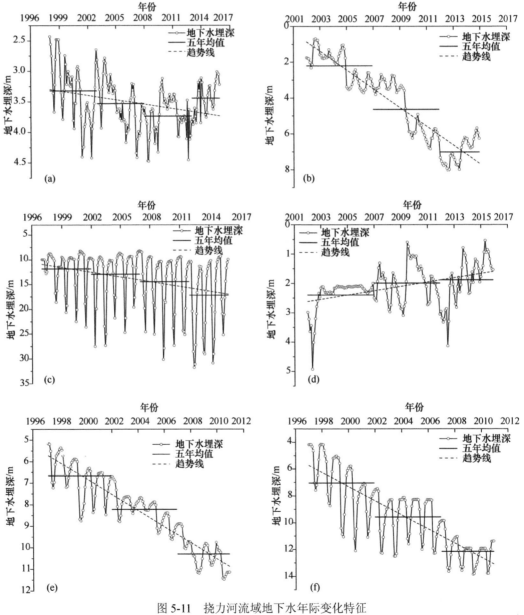

图 5-11 挠力河流域地下水年际变化特征

（a）宝清县；（b）八五二农场；（c）八五三农场；（d）红旗岭农场；（e）创业农场；（f）七星农场

第三节　水环境现状及影响因子分析

一、监测方案与分析方法

1. 野外实地取样

为了全面掌握挠力河在一年中各个时期水质的整体情况，分别在 2015 年 5 月（春季）、2015 年 8 月（夏季）和 2015 年 10 月（秋季），在挠力河流域从上游到下游 11 个湿地保护站进行野外水体采样，采样原则为沿河尽量均匀布点，兼顾干支流的水系格局，使采集的样品遍布全区，具有整个湿地的代表性，每个采样点在湿地核心区重复采样 3 次，每次取水 500ml，回到室内分别进行分析测定。具体采样点如下所述。

2015 年 5 月（春季）：长林岛、蛤蟆通、雁窝岛、千鸟湖、红旗岭、饶河、红卫、创业、八五九和佳河，一共 10 处（图 5-12）。

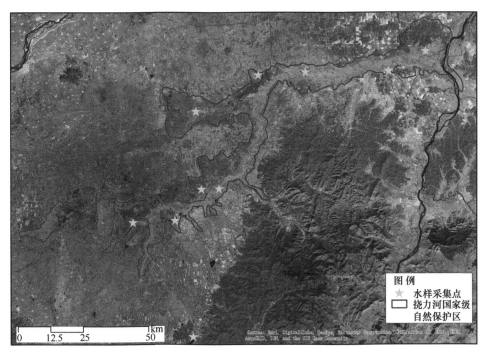

图 5-12　春季水质采样点分布图

2015 年 8 月（夏季）：长林岛、七星河、蛤蟆通、雁窝岛、千鸟湖、七星、七里沁、饶河、胜利、红卫 1、红卫 2 和创业，一共 12 处（图 5-13）。

2015 年 10 月（秋季）：红卫、七星河恢复湿地（红旗岭）、大兴落马湖（大兴）、创业、八五九、饶河、小佳河（佳河）、蛤蟆通、西泡子（七星）、千鸟湖、长林站、胜利、七星河，一共 13 处（图 5-14）。

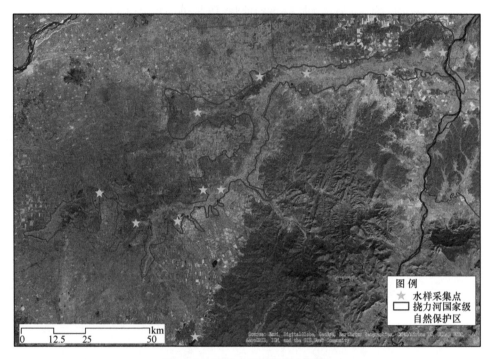

图 5-13　夏季水质采样点分布图

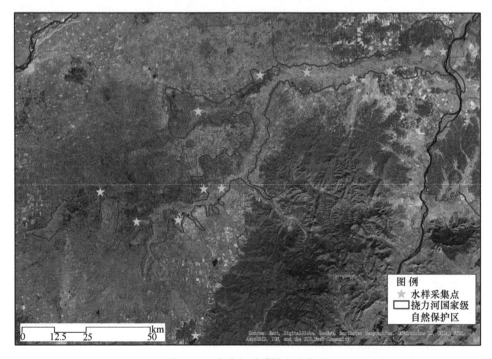

图 5-14　秋季水质采样点分布图

2. 测定的水质指标和测量方法

1）水质指标选择的含义

水质指标是指水样中除去水分子外所含杂质的种类和数量，它是描述水质状况的一系列标准。水质指标大致可分为物理指标（嗅味、温度、浑浊度、透明度、颜色等）；化学指标①非专一性指标：电导率、pH、硬度、碱度、无机酸度等；②无机物指标：有毒金属、有毒准金属、硝酸盐、亚硝酸盐、磷酸盐等；③非专一性有机物指标：总耗氧量、化学耗氧量、生化耗氧量、总有机碳、高锰酸钾指数、酚类等；④溶解性气体：氧气、二氧化碳等；生物指标：细菌总数、大肠菌群、藻类等。

2）具体指标的选取

按照《水和废水监测分析方法》（第四版增补版）（国家环境保护总局《水和废水监测分析方法》编委会，2002）相关规定进行分析测试，项目包括溶解性固体总量（TDS）、酸碱性（pH）、氧化还原电位（ORP）、硝态氮（NO_3-N）、铵态氮（NH_4-N）、总氮（TN）、总磷（TP）、化学需氧量（COD_{Mn}）、水中溶解氧（DO）和 BOD_5。水中溶解氧采用碘量法现场固定实地测量，pH采用pH计实地测量。

3）五类水质的含义和指示意义

依照《地表水环境质量标准》（GB3838—2002）中的规定、淡水使用目的和保护目标，我国淡水分为五大类：

Ⅰ类水质：水质良好。地下水只需消毒处理，地表水经简易净化处理（如过滤）、消毒后即可供生活饮用者。

Ⅱ类水质：水质受轻度污染。经常规净化处理（如絮凝、沉淀、过滤、消毒等），其水质即可供生活饮用者。

Ⅲ类水质：适用于集中式生活饮用水源地二级保护区、一般鱼类保护区及游泳区。

Ⅳ类水质：水质较差，适用于一般工业保护区及人体非直接接触的娱乐用水区。

Ⅴ类水质：水质最差，适用于农业用水及一般景观要求水域。

这些分类标准和适用范围是水质分析通常采用的指标，各个指标分类的具体数值范围如表5-5所示，所以对各个采样点和整个流域水质的分析都参照这个标准进行。

表5-5 水质评价标准表

评价因子	分级标准				
	I	II	III	IV	V
TDS/（mg/L）	0.15	0.3	0.45	0.55	>0.55
pH	6-9				
ORP/mV	纯净水（−70~70）			自来水（−150~150）	
NO_3-N/（μg/L）	0.05	0.1	0.2	0.4	0.6
NH_4-N/（mg/L）	0.15	0.5	1	1.5	2
TN/（mg/L）	0.2	0.5	1	1.5	2
TP/（mg/L）	0.02	0.05	0.1	0.15	0.2
COD_{Mn}/（mg/L）	2	4	6	8	10
DO/（mg/L）	8	6	5	4	3
BOD_5/（mg/L）	3	3	4	6	10

3. 水质分析方法

1）全流域水质分析

分别计算所有季节各采样点的三个重复水样各个指标的均值，代表对应采样点各个指标的实际数值，然后对各个采样点每个指标进行常规数理统计分析，即统计每个指标所有采样点数据的极差、最小值、最大值、均值、标准差和变异系数，统计结果与国家水质分类标准进行对比，判断全流域水质状况。

2）各个河段水质分析

首先分别统计每个采样点各个指标的均值，然后与国家水质分类标准的对应指标进行对比，分析各个采样点的水质状况。然后采用相关分析揭示各个采样点所有指标之间的关系，最后利用聚类分析将各个采样点进行归类，分析各个河段水质差异的影响机制。

3）水质整体综合评价

对各采样点水质分析时采用模糊数学的综合评价方法。水质状况是多变的，所以应用模糊理论与方法对水质进行分析评价能全面对水质进行客观准确的认识，模糊综合评价模型的表达式为：

$$A=WOR$$

式中，A 为各个评价因子的相对重要性矩阵；W 为因子权重矩阵；R 为各评价因子对各级评价标准；O 为合成算子，即将各评价因子及其权重进行复合运算的法则。模糊综合评价流程如图 5-15 所示。

二、水环境现状

1. 春季水环境现状

1）整体水质分析

从挠力河湿地水质的各个指标与水质划分标准的关系可以看出为，3 个指标符合 I 类水质，2 个指标符合 II 类水质，1 个指标符合 III 类水质，2 个指标符合 IV 类水质。整体上水质指标跨度较大，但 I 类和 II 类水质的指标数量占绝对多数，说明湿地水质整体在春季表现较好。从具体指标看，主要问题表现在氮、磷含量较高，其中 TN 含量均值是 0.79mg/L，为 III 类水质；TP 含量是 0.14mg/L，为 IV 类水质。从标准差看，所有指标都不是很高，说明各个地段水质趋于相似（表 5-6）。

2）各个采样点水质分析

各个采样点水质指标均值与对应五类水质标准相比较，具有一定差异，说明各个河段水质有所差异。从各个水质指标的具体分布来看，TDS 指标 I 类水质有 9 个采样点，II 类水质有 1 个采样点，所以这个指标反映整个流域水质相对较好；DO 指标 I 类水质有 7 个采样点，II 类水质有 2 个采样点，III 类水质有 1 个采样点，说明流域水体的 DO 含量整体上较高。NO_3-N 指标中 III 类水质有 7 个采样点，IV 类水质有 3 个采样点，说明几乎整个流域 NO_3-N 含量非常相似，差异很小，都为中等水平；NH_4-N 指标 II 类水质有 3 个采样点，III 类水质有 7 个采样点，说明在春季，考虑到水体 DO 及 NO_3-N 含量

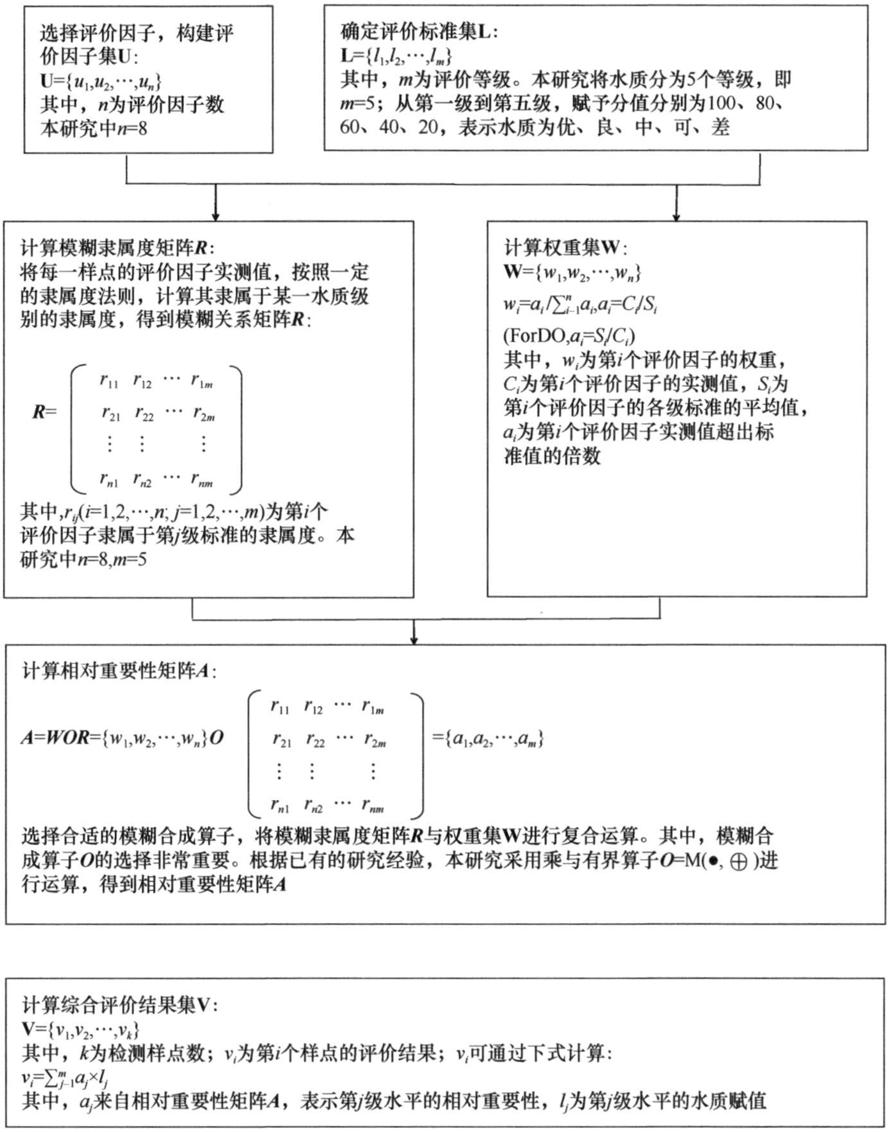

选择评价因子，构建评价因子集U：
$U=\{u_1,u_2,\cdots,u_n\}$
其中，n为评价因子数
本研究中$n=8$

确定评价标准集L：
$L=\{l_1,l_2,\cdots,l_m\}$
其中，m为评价等级。本研究将水质分为5个等级，即$m=5$；从第一级到第五级，赋分值分别为100、80、60、40、20，表示水质为优、良、中、可、差

计算模糊隶属度矩阵R：
将每一样点的评价因子实测值，按照一定的隶属度法则，计算其隶属某一水质级别的隶属度，得到模糊关系矩阵R：

$$R=\begin{bmatrix} r_{11} & r_{12} & \cdots & r_{1m} \\ r_{21} & r_{22} & \cdots & r_{2m} \\ \vdots & \vdots & & \vdots \\ r_{n1} & r_{n2} & \cdots & r_{nm} \end{bmatrix}$$

其中，$r_{ij}(i=1,2,\cdots,n;j=1,2,\cdots,m)$为第$i$个评价因子隶属于第$j$级标准的隶属度。本研究中$n=8,m=5$

计算权重集W：
$W=\{w_1,w_2,\cdots,w_n\}$
$w_i=a_i/\sum_{i=1}^{n}a_i,a_i=C_i/S_i$
$(For DO,a_i=S_i/C_i)$
其中，w_i为第i个评价因子的权重，C_i为第i个评价因子的实测值，S_i为第i个评价因子的各级标准的平均值，a_i为第i个评价因子实测值超出标准值的倍数

计算相对重要性矩阵A：

$$A=W O R=\{w_1,w_2,\cdots,w_n\}O\begin{bmatrix} r_{11} & r_{12} & \cdots & r_{1m} \\ r_{21} & r_{22} & \cdots & r_{2m} \\ \vdots & \vdots & & \vdots \\ r_{n1} & r_{n2} & \cdots & r_{nm} \end{bmatrix}=\{a_1,a_2,\cdots,a_m\}$$

选择合适的模糊合成算子，将模糊隶属度矩阵R与权重集W进行复合运算。其中，模糊合成算子O的选择非常重要。根据已有的研究经验，本研究采用乘与有界算子$O=M(\bullet,\oplus)$进行运算，得到相对重要性矩阵A

计算综合评价结果集V：
$V=\{v_1,v_2,\cdots,v_k\}$
其中，k为检测样点数；v_i为第i个样点的评价结果；v_i可通过下式计算：
$v_i=\sum_{j=1}^{m}a_j\times l_j$
其中，a_j来自相对重要性矩阵A，表示第j级水平的相对重要性，l_j为第j级水平的水质赋值

图 5-15 模糊综合评价流程图

表 5-6 春季所有采样点各水质指标的均值

指标	TDS/（mg/L）	pH	ORP/mV	NO₃-N/（μg/L）	NH₄-N/（mg/L）	TN/（mg/L）	TP/（mg/L）	COD_{Mn}/（mg/L）	DO/（mg/L）	BOD₅/（mg/L）
极差	0.17	8.66	41.70	0.13	0.24	1.13	0.28	4.11	7.08	2.41
最小值	0.04	0.05	−94.40	0.17	0.46	0.27	0.06	1.96	5.82	0.80
最大值	0.21	8.71	−52.70	0.30	0.70	1.41	0.34	6.06	12.90	3.20
均值	0.11	7.03	−68.30	0.21	0.53	0.79	0.14	4.08	8.42	1.76
标准差	0.05	2.49	11.49	0.05	0.07	0.36	0.08	1.28	1.77	0.77
变异系数	0.44	0.35	−0.17	0.22	0.13	0.45	0.57	0.31	0.21	0.44

较高，可能发生了 NH_4-N 经过氧化作用转化为 NO_3-N 的过程；TN 指标 II 类水质有 2 个采样点，III 类水质有 6 个采样点，IV 类水质有 2 个采样点；TP 指标 III 类水质有 3 个采样点，IV 类水质有 4 个采样点，V 类水质有 3 个采样点。BOD_5 指标以 I 类水质（9 个采样点）和 II 类（1 个采样点）水质为主。COD_{Mn} 指标 I 类水质有 1 个采样点，II 类水质有 5 个采样点，III 类水质有 4 个采样点。通过以上指标分析，不同地区湿地在春季的水质均相对较好，水质较差的指标主要是 TN 和 TP，其中千鸟湖和红卫农场的采样点 TN 属于 IV 类水体，而长林岛和红卫农场的 TP 表现为劣 V 类水体（表 5-7）。

表 5-7   春季各个采样点各种水质指标的均值

指标	TDS/(mg/L)	pH	ORP/mV	NO_3-N/(μg/L)	NH_4-N/(mg/L)	TN/(mg/L)	TP/(mg/L)	COD_{Mn}/(mg/L)	DO/(mg/L)	BOD_5/(mg/L)
长林岛	0.21	7.51	−68.63	0.19	0.46	0.84	0.34	3.82	7.65	1.02
蛤蟆通	0.08	0.05	−68.23	0.18	0.53	0.74	0.08	3.58	8.59	1.34
雁窝岛	0.13	7.36	−62.30	0.20	0.51	0.79	0.15	3.42	8.33	2.24
千鸟湖	0.14	8.36	−94.40	0.20	0.52	1.19	0.14	3.18	7.62	2.41
红旗岭	0.05	7.23	−65.30	0.30	0.49	0.27	0.06	5.10	8.43	1.41
饶河	0.13	7.56	−52.70	0.21	0.47	0.58	0.13	3.24	8.32	1.49
红卫	0.13	7.78	−62.60	0.29	0.70	1.41	0.19	1.96	8.30	1.26
八五九	0.04	7.79	−61.97	0.19	0.50	0.28	0.14	5.65	5.82	0.80
创业	0.09	8.71	−66.57	0.19	0.57	0.96	0.07	6.06	12.90	2.48
佳河	0.12	7.94	−80.27	0.17	0.57	0.87	0.12	4.83	8.25	3.20

3）采样点水质差异性机制分析

利用各个指标之间内部固有的关联，采用相关分析评判各个指标的相互关系，结合聚类分析揭示水质差异性机制（表 5-8）。

表 5-8   春季采样点各种指标间的相关系数

相关系数	TDS	pH	ORP	NO_3-N	NH_4-N	TN	TP	COD_{Mn}	DO
pH	0.22								
ORP	−0.21	−0.09							
NO_3-N	−0.2	0.17	0.27						
NH_4-N	−0.05	0.07	−0.07	0.35					
TN	0.57	0.14	−0.42	0.02	0.70*				
TP	0.81**	0.22	0	−0.1	−0.11	0.29			
COD_{Mn}	−0.55	0.19	0.01	−0.27	−0.31	−0.59	−0.39		
DO	−0.03	0.07	0.06	−0.03	0.27	0.29	−0.38	0.29	
BOD_5	0.12	0.28	−0.55	−0.35	0.2	0.36	−0.34	0.16	0.45

* $p<0.05$，** $p<0.01$。

主要指标的相关系数都没有达到显著水平，各指标之间相关程度较好的是 TDS、TP、TN，说明水中营养物主要是氮和磷。氮、磷过量输入是湿地水体发生富营养化的主要因素，同时 TN 与 COD_{Mn} 和 BOD_5 没有显著性相关关系，说明有机污染与氮、磷污染来源不一致，水体复合污染的情况不严重。

为了更好地认识各个河段春夏秋三季的水质状况，分别采用聚类分析的方法，将各采样点相似的水质进行归纳，分析水质综合情况。为使分类结果更具可信性，实际分类时都采用3种分类方法：第一种聚类方法距离的测度方法是相关系数；第二种聚类方法距离的测度方法是欧氏距离平方；第三种距离的测度方法是余弦（表5-9）。

表 5-9 春季采样点聚类分析结果

采样点	分类结果		
	第一种分类结果	第二种分类结果	第三种分类结果
长林岛	1	1	1
蛤蟆通	1	1	1
雁窝岛	1	1	1
千鸟湖	2	2	2
红旗岭	1	1	1
饶河	1	1	1
红卫	1	1	1
八五九	1	1	1
创业	1	1	1
佳河	3	3	3

从这几种分类结果可以看出，三种分类一致，说明数据所反映出来的情况是一致的，体现实际的水质情况，即长林岛、蛤蟆通、雁窝岛、红旗岭、饶河、红卫、八五九和创业是一组，这组数量最大，几乎都在主干流上，说明干流水量大，水流快，混合充分，水质相对一致；千鸟湖是一组，佳河是一组，这2组都临近支流，水质稍差，说明面源污染来源于支流，然后汇集到干流上，干流水量大，水体自净能力强，水质相对好。其中，佳河水体 TP 含量较高，为Ⅳ类水体。但 COD_{Mn} 和 BOD_5 指标达到Ⅱ类和Ⅲ类水质标准。结果表明，挠力河下游水体污染现象较轻，水质较好。

4）水质综合评价分析

从表 5-10 可以看出，春季挠力河流域水质整体情况很好，在 10 个采样点中，总得分在 80 以上的有 1 个，说明整个流域水质在个别地点净化水平高，水质很好。总得分在良档次的有 9 个，占全部样点的 90%，说明春季流域整体上水质较好，在大部分地点依然保持相对较强的水质自净能力。

表 5-10 春季挠力河水质模糊综合评价结果分析

水质级别	1	2	3	4	5
得分标准	100~80	80~60	60~40	40~20	20~0
水质描述	优	良	中	可	差
样点个数	1	9	0	0	0
样点个数百分比	10	90	0	0	0

2. 夏季水环境现状

1）整体水质分析

各个水质指标均值分析结果显示，夏季湿地水质状况复杂，其中Ⅰ类水体和Ⅴ类及劣Ⅴ类水体的指标数量较多。从具体指标看，主要问题为氮、磷含量高（均值：TN 是 6.26mg/L；TP 是 0.24mg/L，大于Ⅴ类水质），COD_{Mn} 含量高（均值：8.44mg/L，为Ⅴ类水质），TDS（均值>0.5）和 BOD（均值>0.5）含量也很高，水体有富营养化趋势（表 5-11）。

表 5-11　夏季各个采样点水质指标常规统计结果

指标	TDS/(mg/L)	pH	ORP/mV	NO$_3$-N/(μg/L)	NH$_4$-N/(mg/L)	TN/(mg/L)	TP/(mg/L)	COD$_{Mn}$/(mg/L)	DO/(mg/L)	BOD$_5$/(mg/L)
极差	0.19	2.92	38.20	1.03	3.98	4.79	1.75	4.80	71.60	6.83
最小值	0.05	6.14	−145.47	0.00	0.04	4.06	0.04	6.58	4.40	0.07
最大值	0.24	9.06	−107.27	1.03	4.03	8.85	1.79	11.38	76.00	6.90
均值	0.11	7.17	−126.71	0.24	0.64	6.26	0.24	8.44	20.11	2.09
标准差	0.06	0.69	11.16	0.29	1.22	1.53	0.49	1.43	23.08	2.07
变异系数	0.50	0.10	−0.09	1.21	1.92	0.24	2.03	0.17	1.15	0.99

2）各个采样点水质分析

从各个指标的具体分布来看，TDS 指标Ⅰ类水质有 9 个采样点，Ⅱ类水质有 3 个采样点，说明各个河段水质本底相对较好。DO 指标的分布很复杂，Ⅰ类水质只有 4 个采样点，Ⅱ类水质有 5 个采样点，Ⅲ类水质有 1 个采样点，Ⅳ类水质有 2 个采样点。NO$_3$-N 指标Ⅰ类水质有 5 个采样点，Ⅱ类水质有 2 个采样点，Ⅲ类水质有 3 个采样点，Ⅳ类水质有 1 个采样点，大于Ⅴ类水质标准的有 1 个采样点，说明 NO$_3$-N 含量较高，而且各个地点差异大；NH$_4$-N 指标Ⅰ类水质有 6 个采样点，Ⅱ类水质有 3 个采样点，Ⅲ类水质有 1 个采样点，大于Ⅴ类水质标准的有 2 个采样点。TN 指标所有采样点都大于Ⅴ类水质，夏季挠力河流域湿地氮含量超标明显，证明农田排水的面源污染直接导致水体氮含量超标。TP 指标Ⅰ类水质有 1 个采样点，Ⅱ类水质有 5 个采样点，Ⅲ类水质有 4 个采样点，大于Ⅴ类水有 2 个采样点。COD_{Mn} 指标Ⅲ类水质有 5 个采样点，Ⅳ类水质有 5 个采样点，Ⅴ类和大于Ⅴ类水质有 2 个采样点，说明各个采样点水质均较差，呈现富营养化趋势；BOD$_5$ 指标以相对较好的Ⅰ类（8 个采样点）和Ⅱ类（3 个采样点）为主，只有 1 个采样点为Ⅳ类水质（表 5-12）。

表 5-12　夏季各个采样点各种水质指标的均值

采样点	TDS/(mg/L)	pH	ORP/mV	NO$_3$-N/(μg/L)	NH$_4$-N/(mg/L)	TN/(mg/L)	TP/(mg/L)	COD$_{Mn}$/(mg/L)	DO/(mg/L)	BOD$_5$/(mg/L)
长林岛	0.18	7.31	−145.47	0.00	0.04	5.50	0.05	6.81	6.40	0.71
七星河	0.14	6.99	−125.90	0.01	0.09	6.94	0.04	11.38	6.47	0.90
蛤蟆通	0.07	9.06	−133.03	0.03	0.43	7.22	0.11	8.84	39.95	3.80
雁窝岛	0.11	7.29	−136.57	0.18	0.10	5.79	0.08	8.34	6.13	1.45
千鸟湖	0.09	6.72	−117.33	0.08	0.13	6.41	0.05	8.78	4.80	0.38

续表

采样点	TDS/ (mg/L)	pH	ORP/ mV	NO$_3$-N/ (μg/L)	NH$_4$-N/ (mg/L)	TN/ (mg/L)	TP/ (mg/L)	COD$_{Mn}$/ (mg/L)	DO/ (mg/L)	BOD$_5$/ (mg/L)
七星	0.24	6.14	−107.27	0.29	2.17	8.85	1.79	7.38	36.60	3.55
七里沁	0.05	6.95	−119.53	0.19	0.06	6.57	0.09	8.02	6.81	0.07
饶河	0.08	7.05	−130.97	0.26	0.10	5.13	0.10	7.76	6.78	0.60
胜利	0.06	6.86	−120.63	0.29	0.12	5.24	0.12	7.97	4.40	0.38
红卫1	0.08	6.87	−120.27	1.03	0.07	4.53	0.07	6.58	5.59	2.61
红卫2	0.14	7.48	−121.43	0.02	0.32	4.06	0.13	10.79	41.40	6.90
创业	0.16	7.34	−142.13	0.48	4.03	8.85	0.26	8.66	76.00	3.70

3）各个采样点水质差异性机制分析

利用各个指标之间内部的固有关联，采用相关分析评判各个指标的相互关系，结合聚类分析揭示水质差异性机制（表 5-13）。

表 5-13　夏季各个采样点各种指标间的相关系数

相关系数	TDS	pH	ORP	NO$_3$-N	NH$_4$-N	TN	TP	COD$_{Mn}$	DO
pH	−0.32								
ORP	−0.02	−0.54							
NO$_3$-N	−0.13	−0.29	0.16						
NH$_4$-N	0.54	−0.09	−0.13	0.24					
TN	0.46	−0.05	0.02	−0.08	0.75**				
TP	0.69**	−0.44	0.51	0.08	0.49	0.58*			
COD$_{Mn}$	0.02	0.24	0.05	−0.53	−0.03	0.03	−0.23		
DO	0.43	0.32	−0.19	0.04	0.86**	0.56*	0.32	0.22	
BOD$_5$	0.38	0.33	0.07	0.05	0.40	0.03	0.28	0.33	0.74**

* $p<0.05$，** $p<0.01$。

TN、NH$_4$-N、DO、TP 之间具有较高的相关性。夏季主要的氮化物为处于还原状态的 NH$_4$-N，同时夏季降水量大，大量富含氮、磷营养物的农田面源污染物随径流进入湿地，导致水质下降。水中 DO 较大，可能与汇入点水量大、水流速度快、DO 增加有关。

夏季采样点聚类分析结果见表 5-14。

表 5-14　夏季采样点聚类分析结果

采样点	分类结果		
	第一种分类结果	第二种分类结果	第三种分类结果
长林岛	1	1	1
七星河	1	1	1
蛤蟆通	2	2	2

续表

采样点	分类结果		
	第一种分类结果	第二种分类结果	第三种分类结果
雁窝岛	1	1	1
千鸟湖	1	1	1
七星	2	2	2
七里沁	1	1	1
饶河	1	1	1
胜利	1	1	1
红卫1	1	1	1
红卫2	2	2	2
创业	3	3	3

从这几种分类结果可以看出，三种分类都一致，说明数据所反映的情况具有一致性，即蛤蟆通、七星和红卫2是一组，有许多指标都为Ⅳ类或者Ⅴ类水，水质较差。这一组的3个采样点位于临近支流汇入的位置，污水主要来源于支流汇水。创业单独为一组，5个指标为Ⅳ类或者Ⅴ类水，水质最差。其他各采样点为一组，水质指标多为Ⅱ类、Ⅲ类水质，水质相对较好，整体优于以上两组，说明在主干流上，经过河流湿地净化后水质有明显改善。

4）水质综合评价分析

从表5-15可以看出，夏季挠力河流域水质整体情况一般。12个采样点的水质综合评价值均低于60，说明湿地水质整体较差。总得分为40~60的中档次有9个（长林岛、七星河、雁窝岛、千鸟湖、七里沁、饶河、胜利、红卫1和红卫2），占全部样点的75%，说明夏季虽然都受到影响，但水质仍处于相对可控状态。但是得分为40~20的有3个（蛤蟆通、七星和创业），占全部样点的25%，说明一些河段的水质受到的影响非常大，而这些采样点分布和聚类分析结果类似，即水质差的河段集中于支流的上游部分。

表5-15　夏季挠力河水质模糊综合评价结果分析

水质级别	1	2	3	4	5
得分标准	100~80	80~60	60~40	40~20	20~0
水质描述	优	良	中	可	差
样点个数	0	0	9	3	0
样点个数百分比	0	0	75	25	0

从以上分析可以看出，随着夏季降水增多，面源污染径流及大量农田退水进入湿地，对水质产生影响。从空间格局看，明显具有污水从支流向干流，从上游向下游推进递减的趋势，说明河流湿地的自净能力较强，除个别点需要进行严格控制外，整体上仍在湿地水体自净能力之内。

3. 秋季水环境现状

1）整体水质分析

各个水质指标均值分析结果显示，秋季湿地水质较差，符合 V 类及劣 V 类水体的指标数量较多。超标的指标主要为氮、磷和 COD，其中 TN 含量平均为 3.25mg/L；TP 含量平均为 0.27mg/L，均属于劣 V 类水质，COD_{Mn} 平均含量为 8.52mg/L，为 IV 类水质。从标准差大小看，大多数指标都很高，说明各个河段水质差异较大；从具体指标分布看，氮、磷含量指标最大（大于 1），说明氮、磷含量在空间布局上存在差异（表 5-16）。

表 5-16 秋季各个采样点水质指标综合分析常规统计结果

指标	TDS/ （mg/L）	pH	ORP/ mV	NO_3-N/ （μg/L）	NH_4-N/ （mg/L）	TN/ （mg/L）	TP/ （mg/L）	COD_{Mn}/ （mg/L）	DO/ （mg/L）	BOD_5/ （mg/L）
极差	0.37	1.01	48.23	1.13	0.04	20.20	1.82	9.52	4.26	13.60
最小值	0.08	7.12	−163.53	0.01	0.03	0.34	0.00	5.43	3.95	0.98
最大值	0.45	8.13	−115.30	1.14	0.07	20.54	1.82	14.95	8.21	14.58
均值	0.19	7.58	−136.32	0.30	0.04	3.25	0.27	8.52	7.16	3.95
标准差	0.09	0.33	15.26	0.33	0.01	5.46	0.48	2.43	1.17	3.89
变异系数	0.50	0.04	0.11	1.12	0.27	1.68	1.80	0.28	0.16	0.98

2）各个河段各个采样点水质分析

各个河段水质空间差异明显。从各个指标的具体分布来看，TDS 指标 I 类水质有 8 个采样点，II 类水质有 4 个采样点，III 类水质有 1 个采样点，大部分为 I 类水质。DO 指标主要以 II 类水质为主（10 个），I 类水质只有 2 个采样点，V 类水质只有 1 个采样点。NO_3-N 指标 I 类水质有 4 个采样点，II 类水质有 1 个采样点，IV 类水质有 5 个采样点，V 类水质有 1 个采样点，大于 V 类水质标准的有 2 个采样点，说明 NO_3-N 含量较高，而且不同地区差异明显。NH_4-N 指标都是 I 类水质。TN 指标 I 类水质有 1 个采样点，III 类水质有 3 个采样点，IV 类水质有 3 个采样点，V 类水质有 3 个采样点，大于 V 类水质有 3 个采样点，说明各个河段差异大，具有明显的空间异质性，但水质整体较差。TP 指标符合 I 类水质的有 1 个采样点，II 类水质有 2 个采样点；III 类水质有 2 个采样点，IV 类水质有 3 个采样点，V 类水质有 1 个采样点，大于 V 类水质有 4 个采样点，说明 TP 在许多河段出现超标现象。COD_{Mn} 指标 III 类水质有 1 个采样点，IV 类水质有 7 个采样点，V 类及劣 V 类水质有 5 个采样点，说明 90%的采样点 COD_{Mn} 指标均超标明显。BOD_5 指标符合 I 类水质有 9 个采样点，IV 类水质有 2 个采样点，V 类水质有 1 个采样点，不同地区湿地水体的 BOD_5 整体含量较低，基本没有超标（表 5-17）。

3）各个河段水质差异性机制分析

利用各个指标之间内部固有的关联，采用相关分析评判各个指标的相互关系，结合聚类分析揭示水质差异机制（表 5-18）。

从 10 个指标间相关系数的显著性个数看，最多的是 DO 指标和 BOD_5 指标，与另外指标达到显著性的个数分别有 6 个，其次是 TDS 指标和 TN 指标，显著性个数分别达到 5 个，还有 TP 指标，达到显著性的个数有 4 个，再次是 pH 指标和 ORP 指标，显著性个数为 3 个，最后是 NO_3-N 指标和 NH_4-N 指标，分别为 1 个，所有指标与 COD_{Mn} 指标都没有达到显著性水平。

表 5-17　秋季各个采样点各种水质指标的均值

采样点	TDS/ (mg/L)	pH	ORP/ mV	NO_3-N/ (μg/L)	NH_4-N/ (mg/L)	TN/ (mg/L)	TP/ (mg/L)	COD_{Mn}/ (mg/L)	DO/ (mg/L)	BOD_5/ (mg/L)
红卫	0.26	8.13	−163.53	1.14	0.04	7.11	0.33	6.79	6.22	5.86
七星河恢复湿地	0.45	7.97	−154.47	0.78	0.03	20.54	1.82	8.35	3.95	14.58
大兴落马湖	0.15	7.88	−150.10	0.02	0.04	0.78	0.03	9.68	7.67	0.98
创业	0.17	8.05	−154.57	0.01	0.03	2.60	0.46	11.51	6.00	8.42
八五九	0.14	7.55	−117.03	0.24	0.04	0.88	0.07	7.11	7.77	1.67
饶河	0.15	7.42	−115.30	0.28	0.04	1.81	0.08	5.43	7.59	1.88
小佳河	0.15	7.63	−136.14	0.28	0.04	1.69	0.17	8.41	7.02	1.78
蛤蟆通	0.08	7.44	−125.07	0.43	0.06	1.75	0.12	7.73	8.00	5.84
西泡子	0.12	7.33	−134.03	0.04	0.07	1.34	0.16	7.03	7.13	2.70
千鸟湖	0.15	7.39	−135.30	0.24	0.03	1.19	0.11	7.99	7.79	1.56
长林站	0.28	7.16	−135.63	0.10	0.03	0.91	0.04	14.95	7.86	1.91
胜利	0.14	7.48	−122.40	0.26	0.04	1.33	0.10	7.37	8.21	2.23
七星河	0.21	7.12	−128.53	0.02	0.04	0.34	0.004	8.47	7.85	1.97

表 5-18　秋季采样点各种指标间的相关系数表

指标	TDS	pH	ORP	NO_3-N	NH_4-N	TN	TP	COD_{Mn}	DO
pH	0.32								
ORP	−0.54	−0.76**							
NO_3-N	0.50	0.54	−0.43						
NH_4-N	−0.58*	−0.32	0.31	−0.11					
TN	0.85**	0.54	−0.52	0.66*	−0.31				
TP	0.81**	0.52	−0.50	0.51	−0.32	0.97**			
COD_{Mn}	0.28	−0.07	−0.31	−0.36	−0.46	−0.09	−0.01		
DO	−0.77**	−0.69*	0.69**	−0.53	0.33	−0.90**	−0.93**	−0.02	
BOD_5	0.68*	0.59*	−0.56*	0.53	−0.24	0.88**	0.92**	0.05	−0.90**

 * $p<0.05$，** $p<0.01$。

从相关系数的分布看，全氮、全磷与多个指标都密切关联，所以导致水质变化的主导因子是氮、磷的过量输入，而且氮、磷指标之间的相关性强，说明两者同时产生并进入水体，形成原因是相对一致的。

秋季采样点聚类分析结果见表 5-19。

从这几种分类结果可以看出，三种分类都一致，说明数据所反映出来的情况一致，即红卫、大兴落马湖和创业是一组，水质较差，有许多指标都为Ⅳ类或者Ⅴ类水；水质最差的是七星河恢复湿地，水质指标多为Ⅴ类水，甚至大于Ⅴ类水，说明耕地在刚刚退耕还湿后，水质受到原有耕地的影响较大。其余采样点为最后一组，水质较好，许多指标为Ⅰ类或者Ⅱ类水标准。

表 5-19　秋季采样点聚类分析结果

采样点	分类结果		
	第一种分类结果	第二种分类结果	第三种分类结果
红卫	1	1	1
七星河恢复湿地	2	2	2
大兴落马湖	1	1	1
创业	1	1	1
八五九	3	3	3
饶河	3	3	3
小佳河	3	3	3
蛤蟆通	3	3	3
西泡子	3	3	3
千鸟湖	3	3	3
长林站	3	3	3
胜利	3	3	3
七星河	3	3	3

4）水质综合评价分析

水质模糊综合评价结果表明，挠力河流域水质整体情况一般，在 13 个采样点中，总得分在 80 以上的没有，即没有任何采样点水质为优，说明整个流域水质一般，全流域水体受到一定外来干扰。总得分为 80~60 的有 8 个（分别是八五九、饶河、西泡子、大兴落马湖、千鸟湖、长林站、胜利和七星河），即水质为良的占全部样点的 61.54%，说明虽然受到影响，但是整体上影响不大，水体对外来污染具有一定的自净能力。40~60 的有 2 个（小佳河和蛤蟆通），占全部样点的 15.38%，说明个别河段受到的影响较大。40~20 的有 3 个（红卫、七星河恢复湿地和创业），占全部样点的 23.08%，说明个别河段的水质差。0~20 的没有（表 5-20）。

表 5-20　秋季挠力河水质模糊综合评价结果分析

水质级别	1	2	3	4	5
得分标准	100~80	80~60	60~40	40~20	20~0
水质描述	优	良	中	可	差
样点个数	0	8	2	3	0
样点个数百分比	0	61.54	15.38	23.08	0

从以上分析可以看出，随着农田退水进入湿地，对流域秋季水体产生影响。但湿地具有一定的水体自净能力，经过净化，除个别河段湿地水质较差外，其他河段水质都得到一定程度的提升。

三、影响湿地水质的因素分析

从以上水质状况分析结果可以看出，无论是夏季还是秋季，挠力河流域水质都受到农业活动的影响，个别河段影响较大；从流域湿地分布看，农田退水是该流域湿地水源的一个重要的补给形式，也是湿地水质受到影响的主要原因。从具体水质指标看，主要是氮、磷元素的含量相对较高，而氮、磷主要来源于农田化肥的施用，所以研究该流域湿地周边农田化肥施用情况，对于水质状况的分析具有重要的指示意义。

1. 挠力河流域所属县市化肥施用量分析

挠力河流经黑龙江省 4 个县市，分别是富锦市、七台河市、宝清县和饶河县。这几个县市都是以农业为主，为进行农业生产，每年都施用大量的化肥。

2005～2017 年，富锦市化肥施用量从 25 082t 增加到 145 300t，增加 4 倍多。其中，氮肥施用量从 9731t 增加到 50 300t，增加 4 倍多，磷肥施用量从 7377t 增加到 29 800t，增加 3 倍多。从趋势线看，上升幅度较大（趋势线斜率值：化肥施用量 K=4012；氮肥施用量 K=3658；磷肥施用量 K=2155），增加趋势显著（显著性检验：化肥施用量 R^2=0.7932；氮肥施用量 R^2=0.7735；磷肥施用量 R^2=0.6932）（图 5-16）。

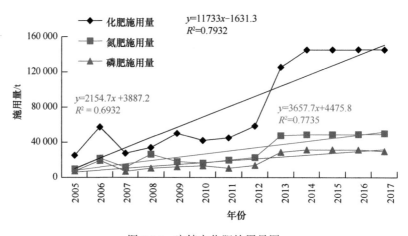

图 5-16　富锦市化肥施用量图

2005～2017 年，宝清县化肥施用量从 14 922t 增加到 26 788t，增加 0.8 倍。其中，氮肥施用量从 4934t 增加到 8571t，增加 0.7 倍，磷肥施用量从 3264t 增加到 4818t，增加近 0.5 倍。从趋势线看，上升幅度较大（趋势线斜率值：化肥施用量 K=1069；氮肥施用量 K=382；磷肥施用量 K=175），增加趋势显著（显著性检验：化肥施用量 R^2=0.9386；氮肥施用量 R^2=0.8609；磷肥施用量 R^2=0.7428）（图 5-17）。

2005～2017 年，饶河县化肥施用量从 5770t 增加到 13 131t，增加 1.3 倍。其中，氮肥施用量从 1493t 增加到 2855t，增加近 1 倍，磷肥施用量从 1424t 增加到 2072t，增加近 0.5 倍。从趋势线看，上升幅度较大（趋势线斜率值：化肥施用量 K=633；氮肥施用量 K=174；磷肥施用量 K=42），增加趋势显著（显著性检验：化肥施用量 R^2=0.773；氮肥施用量 R^2=0.7326；磷肥施用量 R^2=0.265）（图 5-18）。

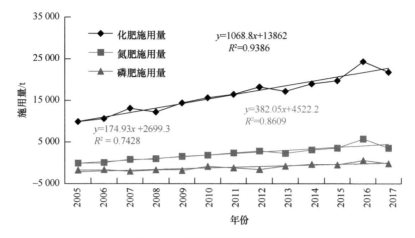

图 5-17　宝清县化肥施用量图

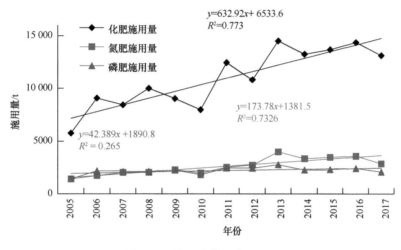

图 5-18　饶河县化肥施用量图

2005~2017 年，七台河市化肥施用量从 21 537t 增加到 34 465t，增加 0.6 倍。其中，氮肥施用量从 9313t 增加到 18 155t，增加 0.9 倍，磷肥施用量从 6186t 增加到 8607t，增加 0.4 倍。从趋势线看，上升幅度较大（趋势线斜率值：化肥施用量 K=1219；氮肥施用量 K=693；磷肥施用量 K=307），但增加趋势不显著（显著性检验：化肥施用量 R^2=0.3696；氮肥施用量 R^2=0.3377；磷肥施用量 R^2=0.2887）（图 5-19）。

整体上，挠力河流域近年来化肥施用量逐年增加，而且增加幅度较大，上升趋势明显。化肥的大量施用显著影响该流域水环境，是造成流域湿地水质退化的主要驱动因素之一。

2. 化肥施用对流域湿地水质的影响

以上分析表明，农业化肥尤其是氮肥和磷肥的大量施用对湿地水环境的影响逐渐增加。随着化肥和农药施用量的不断增加，大量的氮、磷养分和农药成分随雨水或农田退水形成面源污染，直接汇入挠力河流域湿地，使湿地水质下降。

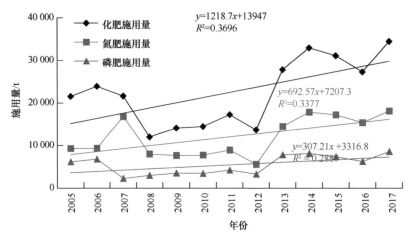

图 5-19 七台河市化肥施用量图

各个采样点水质的空间布局表明,位于七台河市附近的西泡子(七星)采样点水质较好,这与该市化肥施用量增加幅度小有关。而位于宝清县与富锦市附近的监测点(如创业和蛤蟆通)的水质状况较差,可能与该区域化肥施用量大且不断增加有关。饶河县化肥施用量增加也较快,但由于地处河流下游,且湿地面积大,湿地水质净化能力强,导致该地区附近的采样点(饶河与胜利)水质相对较好。

第四节 本 章 小 结

一、挠力河流域地表水资源和地下水资源概况

挠力河流域多年平均地表水资源量为 $23.51 \times 10^8 m^3$,多年平均地下水资源量为 $16.91 \times 10^8 m^3$。湿地上游及区间地表来水是湿地的最重要补水来源。但随着气候变化和人类活动的影响,挠力河流域已有的 4 个水文站径流在研究期内均发生突变,宝清站、菜嘴子站和保安站径流突变发生于 1965～1966 年,而红旗岭站径流突变发生于 1962～1963 年。多年平均径流量相对于突变前均有不用程度地减少,红旗岭站减少量为 39.3%,其余各站减少量均超过 50%。挠力河流域地下水与湿地水存在密切的水文连通联系。两者转化关系主要分为饱和流-排泄型、非饱和流-补给型和饱和流-排泄型与饱和流-补给型相互转化三种。第一种转化关系主要分布于流域上游,第二种转化关系主要分布于流域下游地下水开采量较大的平原区,第三种转化关系的区域主要分布于挠力河流域中游。

二、挠力河流域水环境现状及其影响因素概况

2015 年春、夏、秋 3 个季节,在挠力河湿地共设置 35 个水质采样点,采用 8 个水质指标对每个采样点水质进行监测,利用地面水环境质量标准中的 5 类水标准进行评价。结果表明,小于III类水(含III类水)以下的指标共有 198 个,占全部指标数量的 71%。水质模糊综合评价表明,3 个季节水质为良的个数为 18 个,占全部数量的 51%;为中的个数为 11 个,占全部数量的 31%;没有差的水质样点,说明整体上湿地水质较好。

但是，V类水（含V类水）以上的指标有 82 个，占全部指标数量的 29%，水质有恶化趋势。水质状况的机制分析表明，过量的氮、磷输入是湿地水质趋于恶化的主导因子。从流域内各个县市化肥施用量的特征和逐年增长趋势看，由于化肥的大量施用，形成面源污染进入湿地，使湿地水质下降。因此应进行长期监测并建立预警应对机制。

参 考 文 献

董李勤. 2013. 气候变化对嫩江流域湿地水文水资源的影响及适应对策. 中国科学院大学博士学位论文.

董哲仁, 孙东亚, 赵进勇. 2007. 水库多目标生态调度. 水利水电技术, (01): 28-32.

范伟, 章光新, 李然然. 2012. 湿地地表水-地下水交互作用的研究综述. 地球科学进展, 04: 413-423.

顾学志. 2017. 挠力河流域地下水循环及其与河水转化关系研究. 吉林大学硕士学位论文.

国家环境保护总局《水和废水监测分析方法》编委会. 2002. 水和废水监测分析方法(第四版增补版). 北京: 中国环境科学出版社.

李晨洋. 2013. 三江平原井渠结合灌区水资源可持续利用对策. 节水灌溉, (01): 41-43.

刘正茂. 2012. 近 50 年来挠力河流域径流演变及驱动机制研究. 东北师范大学博士学位论文.

刘正茂, 孙永贺, 吕宪国, 等. 2007. 挠力河流域龙头桥水库对坝址下游湿地水文过程影响分析. 湿地科学, 5(03): 201-207.

卢文喜, 李平, 王福林, 等. 2007. 挠力河流域三维地下水流数值模拟. 吉林大学学报(地球科学版), (03): 541-545.

聂相田, 邱林, 周波, 等. 2006. 井渠结合灌区水资源多目标优化配置模型与应用. 节水灌溉, (04): 26-28, 31.

吴昌友. 2011. 三江平原地下水数值模拟及仿真问题研究. 北京: 中国农业出版社.

闫敏华, 邓伟, 陈泮勤. 2004. 三江平原沼泽性河流流域降水、径流变化及影响因素研究. 湿地科学, 2(04): 267-272.

杨湘奎, 杨文, 张烽龙, 等. 2008. 三江平原地下水资源潜力与生态环境地质调查评价. 北京: 地质出版社.

Jolly I D, Rassam D W. 2009. A review of modelling of groundwater-surface water interactions in arid/semi-arid floodplains. In: Proceedings of the 18th World IMACS Congress and MODSIM09 International Congress on Modelling and Simulation, July 2009: 3088-3094.

Liu Y, Jiang X, Zhang G, et al. 2016. Assessment of shallow groundwater recharge from extreme rainfalls in the Sanjiang Plain, northeast China. Water, 8(10): 440-453.

Wang X, Zhang G, Xu Y J. 2015. Impacts of the 2013 extreme flood in northeast China on regional groundwater depth and quality. Water, 7(8): 4575-4592.

第六章　湿地生态功能评估

第一节　湿地维持生物多样性功能

湿地是位于陆生生态系统和水生生态系统之间的过渡性地带，土壤浸泡在水中的特定环境下，很多具有湿地特征的植物在此生长。湿地拥有众多生物资源，是重要的生态系统（王显金和钟昌标，2017）。很多动植物都分布于此，尤其是珍稀水禽的繁殖和迁徙更离不开湿地，因此湿地被称为"生物储存库"和"鸟类的乐园"。湿地具有丰富的生物多样性，仅中国有记载的湿地植物就有 2760 余种，其中湿地高等植物 156 科 437属 1380 多种。从生长环境看，湿地植物可分为水生、沼生、湿生三类；从植物生活类型看，有挺水型、浮叶型、沉水型和飘浮型等；从植物种类看，有的是细弱小草，有的是粗大草本，有的是矮小灌木，有的是高大乔木（毛旭锋等，2019）。湿地动物的种类也异常丰富，中国已记录到的湿地动物有 1500 种左右（不含昆虫、无脊椎动物、真菌和微生物），其中水鸟大约 250 种，鱼类约 1040 种。鱼类中淡水鱼有 500 种左右，占世界上淡水鱼类总数的 80% 以上。湿地复杂多样的植物群落，为野生动物尤其是一些珍稀或濒危野生动物提供了良好的栖息地，是鸟类、两栖类动物繁殖、栖息、迁徙、越冬的场所（Woldemariam et al.，2018）。湿地特殊的自然环境有利于湿地植物的生长，同时湿地植物是湿地生态系统的生产者，是消费者-动物和分解者-微生物的生存基础，因此以植物为基础对挠力河湿地生物多样性进行分析，是准确认识湿地生物多样性功能的最有利的切入点（Gomez-Baggethun et al.，2019）。因为生物多样性包括多个环节，其中以物种和栖息地-景观两个层次尤为重要，所以对挠力河湿地以植物物种和群落斑块为对象进行分析，可以从微观和宏观、样方点数据与空间面数据相互结合进行综合分析，全面认识该流域湿地生物多样性的基本特征。

一、植物物种多样性

1. 总体描述

2015 年野外调查发现，挠力河流域湿地共有野生维管植物 56 科 223 种。其中被子植物为 53 科 218 种，占全部种类的 98%，居于主要地位，以湿生和水生植物（挺水、浮叶、漂浮、沉水植物）占绝大多数。双子叶植物 36 科 137 种，以菊科、蓼科、豆科、蔷薇科、毛茛科为主。单子叶植物 17 科 81 种，以莎草科、禾本科为主。蕨类植物共 3科 5 种。莎草科、禾本科、毛茛科和菊科 4 科在本区湿地植物中处于优势地位，莎草科和禾本科的一些种类几乎占据本区湿地全部建群种或优势种地位，菊科和毛茛科等植物则以群落伴生种出现。眼子菜科、浮萍科、小二仙草科等在浅水生态系统中占优势。

挠力河保护区沼泽湿地面积分布广泛，集中分布于低平宽广的河漫滩、低阶地、零星洼地等地形区，是水生和湿生植物主要分布区；河漫滩地面季节性积水或过湿，是湿生和湿中生、中湿生植物的主要分布区。非湿地植物多为中旱生或旱中生植物甚至旱生植物，这些植物主要分布在林缘、田埂路旁和堤坝岗地、岛状林内等通风排水良好的地段。本区植物密度大约为 0.14 个/km²，湿地植物具有非常高的丰富度，是我国湿地生物多样性的"关键地区"。

2. 不同生态系统物种多样性分析

1）分析方法

利用样方调查得到的各植物种的基本信息计算所有植物的生态重要值。因为挠力河湿地多为灌木与草本植物，所以采用生态重要值的计算公式如下（陈丝露等，2018）：

$$各种植物的生态重要值=相对密度+相对高度+相对盖度/3 \tag{6-1}$$
$$密度=样方内某一植物种类的个体数/样方面积 \tag{6-2}$$
$$相对密度=每个植物种类密度/所有植物种类的密度和 \tag{6-3}$$
$$相对高度=每个植物种类个体高度/所有植物种类个体高度和 \tag{6-4}$$
$$相对盖度=每个植物种类盖度/所有植物种类盖度和 \tag{6-5}$$

最后将所有生态系统内各种植物的生态重要值求和，用每种植物的生态重要值除以总和，分别求出各种植物生态重要值的比例，得到各种植物的相对生态重要值，依据重要值大小分别判断各种植物在生态系统中的地位，然后推断物种多样性的表现，最后分析生态系统的特征。

另外利用 3 个多样性指数判断各类植物生态系统物种多样性特征，采用单个样本K-S 检验认识各种生态系统之间的差异程度，最后判断挠力河湿地生物多样性的表现形式。这 3 个指数如下所述。

Shannon-Wiener 多样性指数。Shannon-Wiener 多样性指数是揭示物种多样性的常用指标，用于测量生态系统的异质性（王丽等，2018）。这个指数借用了信息论方法，信息论的主要测量对象是系统的序（order）或无序（disorder）的含量。在通信工程中，人们要进行预测，预测信息中下一个是什么字母，其不定性的程度有多大。在物种多样性的测度上，就借用了这个信息论中不定性测量方法，就是预测下一个采集的个体属于什么种，如果群落的多样性程度越高，其不定性也就越大，最后评判的方式为指数值越大，物种多样性越高。其计算公式如下：

$$H=-\sum Ni/N（\ln Ni/N） \tag{6-6}$$

Margalef 丰富度指数。这个指数反映群落物种丰富度：指一个生态系统或环境中物种数目的多寡，亦表示生物群聚（或样品）中种类丰富度程度。其计算公式如下：

$$D=（S-1）/\ln（N） \tag{6-7}$$

Pielou 均匀度指数。这个指数是利用生态系统内的物种奇异度，估计该系统物种分布的均匀度：

$$J=H/\ln S \tag{6-8}$$

式（6-6）～式（6-8）中：S 为生态系统内的植物种类总数；N 为所有植物种类的生态重要值之和；Ni 为第 i 个植物种类的生态重要值。

这3个指数分别判断生态系统内物种的多少、分布的聚集和均匀程度，从所有侧面认识湿地生态系统多样性特征。

2）灌丛生态系统

从各种植物相对生态重要值（表6-1）可以看出，灌丛生态系统中植物种类不多，只有4种，说明在湿地生态系统中灌丛植被种类相对单一，灌丛不是湿地的核心和典型植物类群。从相对生态重要值大小看，差异不明显［单个样本K-S检验（均匀分布）：0.42>0.05］，说明这几种植物都是常见种（相对生态重要值都大于0.1），特别是草本植物小叶章相对生态重要值最大（0.370），比建群种越桔柳（0.206）和沼柳（0.241）都大，说明草本植物在灌丛生态系统中也占有重要地位。

表6-1　灌丛生态系统各种植物的相对生态重要值

物种	拉丁学名	相对生态重要值
越桔柳	*Salix myrtilloides*	0.206
小叶章	*Deyeuxia angustifolia*	0.370
沼柳	*Salix rosmarinifolia* var. *brachypoda*	0.241
乌拉草	*Carex meyeriana*	0.183

从灌丛生态系统多样性指数（表6-2）计算结果看，Shannon-Wiener多样性指数为1.3474，属于中等偏低水平，说明灌丛生态系统的植物多样性水平不高。Margalef丰富度指数为4.3281，偏低，植物种类多样性不足，但是Pielou均匀度指数为0.9720，属于较高水平，说明各种植物生长状态良好，在系统中都较活跃，没有植物呈衰退或者濒危态势。

表6-2　灌丛生态系统各种植物的多样性指数

指数	数值
Shannon-Wiener多样性指数	1.3474
Margalef丰富度指数	4.3281
Pielou均匀度指数	0.9720

3）草甸生态系统

从各种植物相对生态重要值（表6-3）可以看出，草甸生态系统中植物种类较多，共有24种，说明在湿地生态系统中草甸植被种类相对丰富，是湿地生物多样性的物种主要存储地，属于湿地核心组成成分。从相对生态重要值大小看，差异明显［单个样本K-S检验（均匀分布）：0.00<0.05］，说明这些植物在系统中的地位是不同的。其中小叶章的相对生态重要值为0.581，占绝对优势，属于草甸生态系统的建群种。灰脉薹草的相对生态重要值为0.133，属于系统中的伴生种。相对生态重要值大于0.01的植物有稗（0.054）、水蓼（0.030）、鬼针草（0.023）、菵草（0.016）、菰（0.026）、毛水苏（0.018）、狭叶甜茅（0.023）、漂筏薹草（0.018）、芦苇（0.016）和小香蒲（0.015），共10种，属于常见种。相对生态重要值小于0.01的植物有沼柳（0.005）、车前（0.002）、睡莲（0.002）、甜茅（0.005）、球尾花（0.006）、泽泻（0.006）、荇菜（0.002）、东北菱（0.002）、芡实（0.002）、野慈姑（0.007）、槐叶苹（0.002）和泽芹（0.006），共12种，属于稀有种。从以上分析可以看出草甸生态系统发育相对完好，结构组成丰富，相互协调形成一个

良性发展的生态系统。

表 6-3　草甸生态系统各种植物的相对生态重要值

物种	拉丁学名	相对生态重要值	物种	拉丁学名	相对生态重要值
灰脉薹草	*Carex appendiculata*	0.133	狭叶甜茅	*Glyceria spiculosa*	0.023
小叶章	*Deyeuxia angustifolia*	0.581	漂筏薹草	*Carex pseudocuraica*	0.018
稗	*Echinochloa crusgalli*	0.054	球尾花	*Lysimachia thyrsiflora*	0.006
水蓼	*Polygonum hydropiper*	0.030	泽泻	*Alisma plantago-aquatica*	0.006
沼柳	*Salix rosmarinifolia* var. *brachypoda*	0.005	荇菜	*Nymphoides peltatum*	0.002
车前	*Plantago asiatica*	0.002	东北菱	*Trapa manshurica*	0.002
鬼针草	*Bidens pilosa*	0.023	芡实	*Euryale ferox*	0.002
菵草	*Beckmannia syzigachne*	0.016	芦苇	*Phragmites australis*	0.016
睡莲	*Nymphaea tetragona*	0.002	小香蒲	*Typha minima*	0.015
菰	*Zizania latifolia*	0.026	野慈姑	*Sagittaria trifolia*	0.007
毛水苏	*Stachys baicalensis*	0.018	槐叶苹	*Salvinia natans*	0.002
甜茅	*Glyceria spiculosa*	0.005	泽芹	*Sium suave*	0.006

从草甸生态系统多样性指数（表 6-4）计算结果看，Shannon-Wiener 多样性指数为 1.7038，属于中等偏上，说明草甸生态系统的植物多样性为中等水平。Margalef 丰富度指数为 9.9888，植物种类多样性相对丰富。Pielou 均匀度指数为 0.5361，属于较低水平，说明各种植物生长状态出现一定差异，一些植物在系统中处于核心地位，发展态势积极，但是也有一些植物发展缓慢，甚至呈衰退或者胁迫状态。

表 6-4　灌丛生态系统各种植物的多样性指数

指数	数值
Shannon-Wiener 多样性指数	1.7038
Margalef 丰富度指数	9.9888
Pielou 均匀度指数	0.5361

4）沼泽生态系统

从各种植物相对生态重要值（表 6-5）可以看出，沼泽生态系统中植物种类最多，共有 35 种，说明在湿地生态系统中沼泽植物种类最丰富，是湿地最主要的植物物种存储地。从相对生态重要值大小看，差异明显［单个样本 K-S 检验（均匀分布）：0.00<0.05］，说明这些植物在系统中的地位是不同的，其中灰脉薹草的相对生态重要值为 0.134，狭叶甜茅的相对生态重要值为 0.125，芦苇的相对生态重要值为 0.155，这 3 种植物相对生态重要值都大于 0.1，属于沼泽生态系统的建群种；相对生态重要值大于 0.01 的植物有小叶章（0.093）、稗（0.043）、春蓼（0.011）、鬼针草（0.015）、水蓼（0.013）、泽芹（0.012）、香蒲（0.066）、菰（0.068）、漂筏薹草（0.036）、乌拉草（0.054）、毛水苏（0.021）、球尾花（0.016）和毛薹草（0.045），共 12 种，属于常见种；相对生态重要值小于 0.01 的植物有东北沼委陵菜（0.002）、两栖蓼（0.003）、旋覆花（0.007）、苍耳（0.006）、菵草（0.007）、车前（0.004）、拂子茅（0.006）、野慈姑（0.008）、泽泻（0.004）、菖蒲（0.005）、瘤囊薹草（0.005）、溪木贼（0.003）、睡菜（0.003）、北方拉拉藤（0.004）、繁缕（0.005）、

狗尾草（0.008）、风花菜（0.003）、地笋（0.003）和荇菜（0.009），共 19 种，属于稀有种。从以上分析可以看出，沼泽生态系统发育完整，结构组成丰富，是该区域最具代表性的生态系统，其状态直接决定该区域湿地多样性功能。

表 6-5　沼泽生态系统各种植物的相对生态重要值

物种	拉丁学名	相对生态重要值	物种	拉丁学名	相对生态重要值
灰脉薹草	*Carex appendiculata*	0.134	狭叶甜茅	*Glyceria spiculosa*	0.125
稗	*Echinochloa crusgalli*	0.043	香蒲	*Typha orientalis*	0.066
春蓼	*Polygonum persicaria*	0.011	菖蒲	*Acorus calamus*	0.005
东北沼委陵菜	*Comarum palustre*	0.002	菰	*Zizania latifolia*	0.068
两栖蓼	*Polygonum amphibium*	0.003	瘤囊薹草	*Carex schmidtii*	0.005
鬼针草	*Bidens pilosa*	0.015	漂筏薹草	*Carex pseudocuraica*	0.036
旋覆花	*Inula japonica*	0.007	球尾花	*Lysimachia thyrsiflora*	0.016
苍耳	*Xanthium sibiricum*	0.006	溪木贼	*Equisetum fluviatile*	0.003
菵草	*Beckmannia syzigachne*	0.007	睡菜	*Menyanthes trifoliata*	0.003
车前	*Plantago asiatica*	0.004	毛薹草	*Carex lasiocarpa*	0.045
水蓼	*Polygonum hydropiper*	0.013	北方拉拉藤	*Galium boreale*	0.004
泽芹	*Sium suave*	0.012	繁缕	*Stellaria media*	0.005
拂子茅	*Calamagrostis epigeios*	0.006	芦苇	*Phragmites australis*	0.155
野慈姑	*Sagittaria trifolia*	0.008	狗尾草	*Setaria viridis*	0.008
泽泻	*Alisma plantago-aquatica*	0.004	风花菜	*Rorippa globosa*	0.003
小叶章	*Deyeuxia angustifolia*	0.093	地笋	*Lycopus lucidus*	0.003
乌拉草	*Carex meyeriana*	0.054	荇菜	*Nymphoides peltatum*	0.009
毛水苏	*Stachys baicalensis*	0.021			

从沼泽生态系统多样性指数（表 6-6）计算结果看，Shannon-Wiener 多样性指数为 2.8114，属于高等级，说明沼泽生态系统的植物多样性为最高级水平。Margalef 丰富度指数为 12.0005，属于高等水平，植物种类多样性非常丰富。Pielou 均匀度指数为 0.7908，属于中等水平，说明各种植物生长状态虽然出现一定差异，但是不是非常显著，主要建群种并不占据极其显著的地位，而是与常见种、稀有种植物相互依赖，形成一个结构完整、相对稳定的生态系统。

表 6-6　沼泽生态系统各种植物的多样性指数

指数	数值
Shannon-Wiener 多样性指数	2.8114
Margalef 丰富度指数	12.0005
Pielou 均匀度指数	0.7908

5）浅水沼泽生态系统

从各种植物相对生态重要值（表 6-7）可以看出，浅水沼泽生态系统中植物种类相对较多，共有 11 种，说明浅水沼泽植物是湿地生物多样性的物种储存库之一，是湿地的重要组分。从相对生态重要值大小看，差异明显［单个样本 K-S 检验（均匀分布）：

0.00<0.05]，说明系统内各种植物的地位是不同的，其中芡实的相对生态重要值为 0.316，最大，但是这种植物是人工种植的，在特定区域占据几乎所有空间，所以相对生态重要值最大，但却不是自然湿地系统中的建群种。香蒲的相对生态重要值为 0.107，狸藻的相对生态重要值为 0.101，穿叶眼子菜的相对生态重要值为 0.101，这 3 种植物的相对重要值都大于 0.1，属于浅水沼泽生态系统的建群种。相对生态重要值大于 0.01 的植物有芦苇（0.074）、水蓼（0.029）、欧菱（0.070）、睡莲（0.030）、荇菜（0.050）、品藻（0.067）和光叶眼子菜（0.057），共 7 种。

表 6-7　浅水沼泽生态系统各种植物的相对生态重要值

物种	拉丁学名	相对生态重要值	物种	拉丁学名	相对生态重要值
香蒲	*Typha orientalis*	0.107	睡莲	*Nymphaea tetragona*	0.030
芦苇	*Phragmites australis*	0.074	荇菜	*Nymphoides peltata*	0.050
水蓼	*Polygonum hydropiper*	0.029	品藻	*Lemna trisulca*	0.067
狸藻	*Utricularia vulgaris*	0.101	穿叶眼子菜	*Potamogeton perfoliatus*	0.101
芡实	*Euryale ferox*	0.316	光叶眼子菜	*Potamogeton lucens*	0.057
欧菱	*Trapa natans*	0.070			

从浅水沼泽生态系统多样性指数（表 6-8）计算结果看，Shannon-Wiener 多样性指数为 2.1443，属于高等偏下等级，说明浅水沼泽生态系统的植物多样性水平较高，也是物种多样性的储存地。Margalef 丰富度指数为 5.2328，属中等偏下水平。Pielou 均匀度指数为 0.8942，属于极高水平，说明各种植物生长状态都较好。

表 6-8　浅水沼泽生态系统各种植物的多样性指数

指数	数值
Shannon-Wiener 多样性指数	2.1443
Margalef 丰富度指数	5.2328
Pielou 均匀度指数	0.8942

6）湿地生态系统多样性特征和存在的问题

对各个生态系统生物多样性分析时发现，很多植物都有共存于多个生态系统的特点，最典型的是小叶章，既是草甸生态系统中唯一的建群种，也是灌丛生态系统和沼泽生态系统中的常见种，说明小叶章存在积极扩张态势。同时进入另外生态系统造成边缘效应的植物有三类。一类是系统中的建群种或者常见种进入邻近系统成为常见种，如灰脉薹草、稗、水蓼、鬼针草、菰、毛水苏、狭叶甜茅、漂筏薹草、芦苇、香蒲和乌拉草，这些植物生态幅相对大，能够在两个生态系统中居于主要地位。另一类是系统中的常见种或者建群种进入其他系统中成为稀有种，如沼柳、泽芹、球尾花和荇菜，这些植物生态幅相对广，是湿地物种多样性的保证，一旦一个系统受损，可以进入另一个系统中得到延续。最后一类是在两个相邻系统中都是稀有种，如泽泻、野慈姑和车前，这些植物在两个系统中的地位都相对弱。另外，分析时发现，一些植物只在一个系统中以稀有种存在，如睡莲、狭叶甜茅、东北菱、槐叶苹、东北沼委陵菜、两栖蓼、旋覆花、苍耳、蔺草、拂子茅、瘤囊薹草、溪木贼、睡菜、北方拉拉藤、繁缕、狗尾草和风花菜。这类植物种类较多，有些为典型湿地物种，而有些为非湿地物种。

二、湿地景观多样性

1. 分析方法

采用常见景观指数分析景观多样性，在选取解译地类时只计算水面和湿地中的各种群落。主要选取的斑块面积指数有斑块个数、最小斑块面积（m²）、最大斑块面积（m²）、平均斑块面积（m²）和最大斑块面积比例 5 个；斑块形状指数有斑块总周长（m）、平均斑块周长（m）、景观边缘密度（m/m²）、总斑块边界密度（m/m）、区域加权形状指数、同类斑块分维数、平均斑块形状和平均斑块伸长指数 8 个（邬建国，2007；傅伯杰等，2011）。

1）斑块面积指数

斑块个数（total number of patches）

$$NP=N \qquad (6-9)$$

式中，NP 为总斑块数量；N 为景观中斑块的总数。总斑块数量反映景观空间格局，常被用来描述整个景观的异质性。其值大小与景观的破碎度有很好的正相关性，一般 NP 大，破碎度高；NP 小，破碎度低。NP 对许多生态过程都有影响，如可以决定景观中各种物种及空间分布特征，改变物种相互作用和协同共生的稳定性。而且，NP 对景观中各种干扰的蔓延程度有影响，如某类斑块数目多且比较分散时，则对某些干扰的蔓延有抑制作用。

平均斑块大小（mean patch size）

$$MPSi = \frac{\sum_{j=1}^{n} Aij}{n} \qquad (6-10)$$

式中，MPSi 为类型 i 的平均斑块大小；Aij 是类型 i 中第 j 个斑块的面积；n 是类型 i 的斑块个数。此指标在景观水平上也适用，是一个比较简单又富有生态学意义的格局指标。它既可用来对比不同景观的聚集或破碎程度，也可以指示景观各类型之间的差异。平均斑块大小代表一种平均状况，在景观结构分析中反映两个方面的意义，其值的分布区间对图像或地图的范围和对景观中最小斑块粒径的选取有制约作用；另外，它也表达景观的破碎程度，在斑块级别上，一个较小值的景观一般比一个较大值的更破碎，研究发现这个值的变化能反馈更丰富的景观生态信息，同样也是景观异质性的关键。

最大斑块面积比例（largest patch index）

$$LPI = \frac{Max(a)}{A} \qquad (6-11)$$

式中，LPI 为最大斑块面积比例；Max（a）为最大斑块面积；A 为斑块总面积。最大斑块所占斑块总面积的比例指标有助于确定景观的基质或优势类型与斑块等，其值大小决定着景观中的优势种、内部种的丰度等生态特征；其值的变化可以改变干扰的强度和频率，反映干扰的方向和强弱。

2）斑块形状指数

平均斑块周长（mean patch perimeter）

$$\text{MTE} = \frac{1}{n}\sum_{i=1}^{n} Pi \tag{6-12}$$

式中，MTE 为平均斑块周长；Pi 是斑块边界长度；n 为斑块个数。

景观边缘密度（edge density）

$$\text{ED} = \frac{L}{A}10^4 \tag{6-13}$$

式中，ED 为景观边缘密度；L 为斑块总周长；A 为斑块总面积。景观边缘密度是景观中所有斑块周长总长度与斑块总面积的和的比值。这个指标是衡量斑块复杂程度的指标，数值越大，斑块形状越复杂。

总斑块边界密度（total edge density）

$$\text{ED}i = \sum_{i=1}^{n} Pi \Big/ \sum_{i=1}^{n} Li \tag{6-14}$$

式中，$\text{ED}i$ 为类型 i 的斑块边界密度；Pi 为斑块的周长；Li 为景观边界周长。此指标在类型水平和景观水平上都适用。总斑块边界密度是一个比较有代表性的格局指标，它对大部分因子的改变反应敏感，或者有较强的规律性。在生态学上，它也是一个比较有意义的指标，许多生物对边界特征反应敏感，或利用，或回避，因此值得推荐。

区域加权形状指数（average weighted shape index）

$$\text{AWS} = \sum_{i=}^{n} \frac{1}{4}AiPi \Big/ A\sqrt{Ai} \tag{6-15}$$

式中，AWS 为区域加权形状指标；Ai 为斑块 i 的面积；Pi 为斑块周长；A 为斑块总面积。AWS 值高表明景观中不规则形状单元占优势。

同类斑块分维数（fractal double-logged）

$$D = 2K \tag{6-16}$$

该指标实际上是一个回归系数的 2 倍，式中 D 为同类斑块分维数；K 为斑块面积与周长之间的回归系数。

$$\text{Log}_2^{(l/4)} = K\text{Log}_2^{(2s)} + C \tag{6-17}$$

式中，l 为斑块的周长；s 为同一斑块的面积；C 为常数。此指标在类型水平和斑块水平上都可以计算，取值范围为 1～2。其值越接近 1，景观中斑块的边界形状越简单，接近于直线；分维数越接近 2，构成景观的斑块边界形状越复杂。

斑块形状指数（landscape shape index）

$$\text{SC}i = Li \Big/ 2\sqrt{\pi Ai} \tag{6-18}$$

式中，$\text{SC}i$ 为形状系数；Li 为某一斑块的周长；Ai 为某一斑块的周长。斑块形状指数即某一斑块周长与等面积圆周长之比值。当比值为 1 时，该斑块为圆形，值越大说明斑块周边长，面积小，形状复杂，即通过计算某一斑块现状与相同面积的圆之间的偏离程度来测量其形状复杂程度，用于类别/景观水平。这个指数用以反映斑块形状的复杂程度以及景观空间结构的形状特征与可能演化的趋势，对许多生态过程都有影响。例如，斑块的形状影响物种的繁殖生长、生产效率等各种生理活动。对于自然斑块或自然景观的形状分析，可以把边缘效应的各种特征挖掘出来。

平均斑块伸长指数（mean patch stretch index）

$$MPSI = \frac{1}{n}\sum_{i=1}^{n}\frac{Pi}{\sqrt{Ai}} \qquad (6-19)$$

式中，MPSI 为形状系数；Pi 为某一斑块的周长；Ai 为某一斑块的面积。平均斑块伸长指数衡量斑块形状与正方形之间的差异程度，正方形斑块 MPSI 值等于 4，该指数值越大，斑块越长。

2. 斑块面积多样性分析

基于 2015 年 8 月的影像解译结果，应用景观技术进行分析。从湿地斑块面积各个指数统计结果看，斑块个数为 11 294 个，破碎化趋势明显（表 6-9）。另外，最大值、最小值和极差分别为 $2.28\times10^8m^2$、$0.53m^2$ 和 $2.28\times10^8m^2$，不同斑块面积差异非常大，说明一些斑块消失速度非常快。平均斑块大小是 $7.98\times10^4m^2$，处于中等水平，说明整体上湿地生物多样性功能正常维持，生物栖息地保存完好，可以满足绝大多数生物，尤其是迁徙生物的基本需求。标准差为 $3.0\times10^6m^2$，最大斑块比例为 0.25，说明少数大斑块依然存在，为生物栖息，尤其是斑块内部种的生存提供必要条件。但是这类斑块数量较少，虽然能够满足几乎所有湿地物种的生存，但是对于需要多个大斑块才能完成所有生理活动，形成一个完全生命周期的斑块内部物种而言，这样的栖息地显然不足以支持它们大量生存，对种群数量的扩张是一个生态限制（吴倩倩等，2017）。

表 6-9 湿地面积斑块指数运算结果

斑块 个数	极差/m²	最小斑块 面积/m²	最大斑块 面积/m²	平均斑块 面积/m²	斑块面积 标准差/m²	最大斑块 比例
11 294	2.28×10^8	0.53	2.28×10^8	7.98×10^4	3.0×10^6	0.25

3. 斑块形状多样性分析

从湿地斑块形状各个指数统计结果看，斑块总周长为 8.34×10^7m，相对较大，说明湿地斑块形状受到外界干扰，一些原本完整的斑块形状趋于复杂（表 6-10）。平均斑块周长为 7382m，说明整体上湿地仍然保持自身固有的特点，为湿地生物栖息起到基本的生态本底保障作用。景观边缘密度为 $0.09m/m^2$，不是很大，说明虽然斑块形状有不规则化加剧的趋势，但还在许可范围之内。总斑块边界密度为 112m/m，相对较大，生物屏障保护功能依然强大，所以能够为一些极其怕干扰的生物，如湿地鸟类的筑巢等提供基本的场所。区域加权形状指数为 237，说明不规则斑块占优势，为斑块与外界之间物质和能量的交换提供一定基础。同类斑块分维数为 1.21，平均斑块形状指数为 1.58，平均斑块伸长指数为 5.68，说明湿地无论整体上还是在斑块微观层次上，形状都维系本身固有的规则化特点，但是有不规则化发展的态势。所以从斑块性质多样性看，挠力河湿地能够为不同需求的生物提供栖息地，增强湿地生物多样性。

表 6-10　湿地面积斑块指数运算结果

斑块总周长/m	平均斑块周长/m	景观边缘密度/（m/m²）	总斑块边界密度/（m/m）
$8.34×10^7$	7382	0.09	112
区域加权形状指数	同类斑块分维数	平均斑块形状指数	平均斑块伸长指数
237	1.21	1.58	5.68

三、土壤种子库与湿地植物多样性

土壤种子库是指存在于土壤表面和土壤中的全部存活种子的总和。土壤种子库是植物群落更新发展的重要基础之一，起着为植物群落的演替、退化生态系统的生态恢复提供繁殖体的作用。大多数种子散落到地表进入土壤后，要经历一个休眠阶段，由于物种种类和环境条件的差异，休眠时间可以从几天到很多年，所以一个植物群落的土壤种子库是对它过去状况的进化记忆，也是反映群落现在和将来特点的一个重要因素。由于土壤种子库含有地上部分种群在不同时期产生的等位基因，可以延缓或加速物种进化速率，改变种群的遗传结构。土壤种子库在植物群落的保护和恢复中起着重要的作用，是植物响应土地利用和气候变化的重要指示者。土壤种子库作为繁殖体的储备库，可以减小种群灭绝的概率，对已受干扰和破坏的生态系统而言，土壤种子库的大小与种类组成将成为植被生态恢复的决定性因子。

三江平原是我国最大的沼泽分布区，是中国生物多样性最丰富的沼泽地之一，也是重要的商品粮基地。为保障国家粮食安全，在过去的 50 多年里，国家先后对三江平原进行了多次大规模的开垦。兴建农田水利工程，将大片沼泽地开垦为耕地，导致三江平原沼泽湿地面积急剧减少，目前大约有 80%的湿地已经丧失，湿地退化严重。采用温室萌发法对三江平原天然湿地和不同开垦年限（1 年、3 年、10 年、20 年）农田土壤种子库特征进行研究，分析土壤种子库结构组成和规模特征，进而分析土壤种子库维持湿地植物多样性的作用及湿地植被恢复的潜力。

1. 湿地土壤种子库组成

种子库萌发试验共鉴定物种 50 种，其中一二年生草本 13 种，多年生草本 33 种，灌木 2 种，藓类 2 种。天然湿地与开垦 1 年、3 年、10 年、20 年的湿地萌发的物种数依次是 34 种、31 种、21 种、21 种、8 种，见表 6-11。三江平原天然湿地土壤种子库湿地

表 6-11　三江平原天然湿地及不同开垦年限湿地种子库组成及密度

生活型	物种	种子密度/（粒/m²）				
		天然湿地	1 年	3 年	10 年	20 年
灌木	细叶沼柳 *Salix rosmarinifolia*	88	112	64	32	16
	越桔柳 *Salix myrtilloides*	16	0	0	0	0
多年生	小叶章 *Deyeuxia angustifolia*	1192	656	352	296	0
	湿薹草 *Carex humida*	48	16	0	8	0
	大穗薹草 *Carex rhynchophysa*	320	112	64	88	0
	寸草 *Carex duriuscula*	72	0	0	0	0
	叉钱苔 *Riccia fluitans*	0	0	48	0	0

续表

生活型	物种	种子密度/（粒/m²）				
		天然湿地	1 年	3 年	10 年	20 年
多年生	泽泻 *Alisma plantago-aquatica*	48	0	0	0	0
	球尾花 *Lysimachia thyrsiflora*	8	80	0	0	0
	毛水苏 *Stachys baicalensis*	0	16	0	0	0
	水苏 *Stachys japonica*	16	32	0	8	0
	野慈姑 *Sagittaria trifolia*	592	912	32	40	0
	龙江风毛菊 *Saussurea amurensis*	32	144	112	96	16
	宽叶香蒲 *Typha latifolia*	168	720	192	152	160
	苣荬菜 *Sonchus wightianus*	8	48	48	16	0
	线叶黑三棱 *Sparganium angustifolium*	25	0	0	0	0
	菹草 *Potamogeton crispus*	2160	4064	448	1352	96
	泽地早熟禾 *Poa palustris*	40	0	16	0	0
	灯心草 *Juncus effusus*	0	80	0	48	0
	地笋 *Lycopus lucidus*	0	32	0	0	0
	金鱼藻 *Ceratophyllum demersum*	8	0	0	0	0
	泽芹 *Sium suave*	8	0	0	0	0
	毒芹 *Cicuta virosa*	0	96	0	0	0
	杉叶藻 *Hippuris vulgaris*	0	64	0	0	0
	北方拉拉藤 *Galium boreale*	8	0	0	0	0
	狭叶黄芩 *Scutellaria regeliana*	0	0	16	0	0
	兔儿尾苗 *Pseudolysimachion longifolium*	0	0	0	8	0
	竹叶眼子菜 *Potamogeton malaianus*	168	208	0	0	0
	牛鞭草 *Hemarthria sibirica*	8	0	0	8	0
	艾 *Artemisia argyi*	96	16	0	0	0
	苦草 *Vallisneria natans*	648	768	16	136	0
	欧洲羽节蕨 *Gymnocarpium dryopteris*	591	108	176	1296	80
	北方还阳参 *Crepis crocea*	8	112	160	0	0
	路边青 *Geum aleppicum*	8	0	0	0	0
	白芷 *Angelica dahurica*	56	16	0	0	0
一二年生草本	水马齿 *Callitriche palustris*	0	16	0	0	0
	鸡肠繁缕 *Stellaria neglecta*	0	0	32	0	0
	稗 *Echinochloa crusgalli*	0	16	96	208	16
	东北鼠麹草 *Gnaphalium mandshuricum*	456	144	1920	64	16
	鬼针草 *Bidens pilosa*	16	0	0	40	0
	荠 *Capsella bursa-pastoris*	56	96	416	912	32
	卵穗荸荠 *Eleocharis ovata*	0	176	0	0	0
	黄花蒿 *Artemisia annua*	528	304	0	56	0
	水蓼 *Polygonum hydropiper*	112	544	0	8	0
	芒剪股颖 *Agrostis trinii*	0	64	32	0	0
	具芒碎米莎草 *Cyperus microiria*	8	0	0	0	0
	灰绿藜 *Chenopodium glaucum*	0	64	80	0	0
	狗尾草 *Setaria viridis*	8	0	16	0	0
总数		7624	9836	4336	4872	432

物种丰富，以多年生草本为主。其中小叶章、菭草等湿地优势物种在土壤种子库中占有较大比重，而薹草类优势物种所占种子密度很低。

2. 农田开垦对土壤种子库的影响

农田开垦对湿地土壤种子库产生明显的影响，见图 6-1。随着开垦年限的增加，种子库萌发物种数呈现极显著差异，天然湿地与开垦 1 年、3 年、10 年、20 年湿地平均物种数分别为 12 种、20 种、10 种、6 种、3 种。开垦 1 年湿地平均萌发物种数最多，明显多于其他类型，其次为天然湿地与开垦 3 年湿地，显著多于开垦 20 年湿地，而开垦10 年湿地与开垦 3 年、20 年湿地没有显著性差异。随着开垦年限的增加，种子库萌发密度呈现极显著差异，天然湿地与开垦 1 年、3 年、10 年和 20 年湿地的种子萌发密度分别为 7624 粒/m²、9836 粒/m²、4336 粒/m²、4872 粒/m² 和 432 粒/m²。开垦 1 年湿地萌发种子密度最大，显著多于开垦 3 年、10 年湿地，开垦 20 年湿地最少，显著低于其他类型，而天然湿地与开垦 1 年、3 年、10 年湿地，开垦 3 年、10 年湿地之间无显著差异。

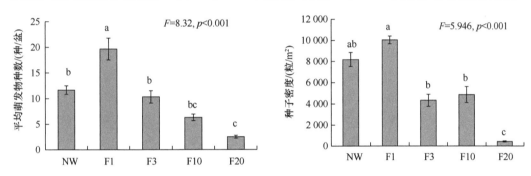

图 6-1 三江平原天然湿地与开垦湿地种子库萌发平均物种丰富度与种子密度（均值±标准误）
盆的规格为 0.0625m²。对不同开垦年限湿地进行单因素方差分析和最小显著性检验，
不同字母表示处理间差异极显著（p<0.01）

3. 开垦湿地植物多样性恢复潜力

湿地植物是湿地生态系统的基本组分和主要生产者，是湿地结构和功能的核心部分。植被的恢复是湿地恢复成功的基本标准之一。而目标优势物种的建立，对于湿地植被群落的建立、动态与稳定起着决定性作用。小叶章作为三江平原优势物种，随着开垦年限的增加，种子密度逐渐减小，到开垦 20 多年后，小叶章种子消失，这大大增加了湿地优势物种恢复的难度。虽然小叶章作为多年生草本物种，可以经过根茎进行无性繁殖，但是湿地一旦经过开垦，植被根茎等繁殖体必将受到损坏，如果种子库中的种子消失，同时缺乏外来的种子输入，则植被恢复的难度大大加大。三江平原大规模的农田开垦使得农田连片分布，周围缺乏天然湿地种子的供给，同时农田道路、排水沟渠的建立将农田分割开来，缺乏必要的水力联系，这对于种子传播极为不利。因此，对于农田景观中残存的天然湿地，由于其具有很高的生物多样性，对其利用与保护需要引起足够的重视。

三江平原沼泽湿地经历了长期的农田开垦后，土壤种子库密度下降，湿地物种逐渐消失。湿地开垦 10 年左右，萌发物种与种子密度依然保持在一定的水平，作为三江平原优势物种的小叶章和薹草依然存在，但密度显著下降，开垦 20 年后，两者彻底消失，生物多样性显著下降到很低的水平。因此我们认为三江平原开垦农田湿地保存有大量的湿地物种，依然具有很大的恢复潜力。但是利用土壤种子库进行湿地恢复存在一个开垦阈值，为 10～20 年，当开垦超过 20 年后，仅依靠湿地土壤种子库难以达到湿地植被恢复的效果。

第二节　湿地水文功能

湿地在蓄水、调节河川径流、补给地下水和维持区域水平衡中发挥重要作用，是蓄水防洪的天然"海绵"，在时空上可分配不均的降水，通过湿地的吞吐调节，避免水旱灾害（赵欣胜等，2016）。沼泽湿地大部分发育在负地貌类型中，长期积水，生长大量茂密的植物，通过植被、土壤及宽敞水域极强的蓄水能力，能够起到蓄纳洪水，发挥减轻洪水威胁的功能（张彪等，2017）。沼泽湿地的调蓄洪水功能主要表现在两个方面：一是产流少，减少一次降水对河川径流补给量，使汇流时间延长；二是降低洪峰，使当年来水不能在当年完全流出。洪水被储存于湿地土壤中或以地表水形式滞留在沼泽湿地中，减缓了洪水流速和下游洪水压力（程军和韩晨，2012）。挠力河干流及其主要支流内外七星河均属平原沼泽性河流，河道蛇曲，坡度极缓，杂草丛生，泡泽连片，糙率很大，河网密度较稀，加之外水顶托，流速缓慢，水流不畅。由于河道平槽流量不大，上游山丘区来水超过平槽流量的数倍，易于形成大面积长时期的洪泛现象，当年来水年内排不出去，形成连片沼泽湿地区，成为三江平原地区主要洪水调节器，起着防洪抗旱的重要作用，是东北地区生态屏障之一（Liu et al.，2012）。

一、湿地的蓄水功能

1. 土壤蓄水功能

湿地土壤的表层一般有明显的草根盘结层，其疏干后一般厚 10～30cm，在积水的情况下，最厚可达 50～60cm，它主要是由活的或已经死亡但未分解的沼泽植物根、茎残体组成。在草根层之下，泥炭土和泥炭沼泽土有分解程度不同的泥炭层。草根层和泥炭层具有巨大持水与蓄水能力，故有"生物蓄水库"之称（卢伟伟等，2009）。湿地土壤的持水能力因土壤容重、孔隙度、植物残体组成、有机质含量而异。持水量与容重呈负相关，与孔隙度呈正相关，容重越小，孔隙度越大，持水量则越大。湿地土壤草根层和泥炭层的总孔隙度一般在 70% 以上，容重为 0.10～0.12mg/m³。但草根层的容重随着泥沙含量的增加而增大，泥炭层的容重随着有机质含量的减少和矿质成分的增加而逐渐增大。腐殖质沼泽土和草甸沼泽土的腐殖质层，容重可增至 0.25～0.80mg/m³，持水量的大小还与植物残体的组成、泥炭分解度有密切关系。湿地的草根层和泥炭层因主要由未分解或未完全分解的植物残体组成，水分不但大量存在于孔隙之中，而且一部分保存在植物残体内部，故持水能力很大，可相当于一般矿质土壤的几倍至十几倍。草根层和泥炭层的饱和持水量可达 9700g/kg。泥炭层的饱和持水量随着有机质含量的增加而增大，有机质含量小于 400g/kg 的泥炭，饱和持水量可降至 4000g/kg 以下。挠力河湿地泥炭土饱和持水量为 5234～9700g/kg，腐殖质沼泽土可以达到 5652g/kg，草甸沼泽土可以达到 930g/kg。本区泥炭层和泥炭沼泽土表层饱和持水量为 600%～900%，腐殖质沼泽土和草甸沼泽土表层为 100%～600%，综合以上湿地土壤持水情况并利用前人研究的方法（刘贵花，2013），对挠力河保护区内湿地蓄水量进行分析。沼泽湿地土层分为 2 层，包括 0～50cm 表层和 50～100cm 的深层，表层和深层土壤体积饱和含水量均值分别为 76% 和 44.6%。然后分别与 2016 年湿地面积（717.8km^2）相乘得到表层和深层湿地土壤蓄水量（表层：2.4×10^{8}m^3；深层：1.6×10^{8}m^3），再将两者相加得到 2016 年挠力河保护区湿地土壤蓄水量为 4.0×10^{8}m^3。

2. 地表蓄水功能

挠力河流域支流众多，地势自西南向东北倾斜，平均坡度为 1/2000～1/10 000，地形平坦开阔，河曲变率大，河漫滩、低阶地广泛分布，形成许多负地形，在大小不等、星罗棋布的洼地中蓄积大量地表水（邓伟，2007）。这些湿地常见积水，水深一般 20～30cm，最深可达 40～60cm。按照相关研究方法以湿地平均积水 15cm 计算（刘贵花，2013），结合 2016 年挠力河保护区内湿地面积（717.8km^2），即湿地水深乘以湿地面积得到 2016 年湿地地表蓄水量为 1.1×10^{8}m^3。结合土壤蓄水量和地表积水，2016 年湿地总蓄水量为 5.1×10^{8}m^3。

二、湿地的调洪功能

1. 湿地调节洪水的表现方式

沼泽湿地的巨大蓄水能力使其具有强大的调节洪水功能。以 1956～2000 年挠力河上游宝清站和下游菜嘴子站的洪峰流量实测值对比分析调节能力，挠力河中游地区由于河道弯曲，比降小，排泄不畅，大量积水在此漫散。20 世纪 70 年代有沼泽与沼泽化草甸面积 71.62×10^{4}hm^2，沼泽率高达 55.9%。目前尚有沼泽与沼泽化草甸湿地 28.82×10^{4}hm^2，沼泽率仍达 22.5% 左右，是湿地主要分布区，也是储水蓄水地。宝清站和菜嘴子站 45 年的洪峰流量数据序列中，有 26 年是下游菜嘴子站的洪峰流量小于上游宝清站，按菜嘴子站还原值，也有 18 年的洪峰流量小于宝清站，表明有大量洪水在河漫滩沼泽中漫散和蓄储。湿地减小洪峰流量的功能多发生在平水年、枯水年和前期偏旱的年份，因为这些年份的大部分沼泽地表无积水，草根层、泥炭层含水不饱和，潜水位不高，存在可供蓄水的条件。当河川径流和大气降水补给沼泽时，水分首先被泥炭层或草根层吸收，从而起着汛期强烈减小洪峰流量的作用。在若干典型的平水年和枯水年，下游菜嘴子站的洪峰流量明显小于上游宝清站的洪峰流量，削减的最大比例达 76.2%，湿地减弱洪水过程的作用十分显著。沼泽产流有表面流与表层流之分，只有当沼泽含水量达到饱和，潜水位升至沼泽表面，才产生表面流。在表面流产生之前，大部分来水蓄于草根层和泥炭层之中，一部分则以侧向渗透的方式流出，即表层流。由于沼泽的持水能力大，垂直渗透性强，一般不容易产生表面流，在对毛薹草沼泽进行试验时发现喷灌 122.4mm，仅产流 4.4mm（刘贵花，2013）。湿地的巨大蓄水能力，可起到削减洪峰和化解洪水过程的作用。河漫滩沼泽不仅具有重要的调洪功能，其蓄水还可起到补充地下水、维持区域水平衡的功能。

2. 湿地调节洪水的能力

从宝清站和菜嘴子站的径流深度对比看,菜嘴子站的年和月径流深较小,原因也是中游地区大量湿地形成多个洼地拥有的蓄水功能所致。当降水到达地面后,首先被湿地土壤吸收和洼地蓄水截流,达到饱和后多余水分才形成地面径流。所以同样降水的强度与规模,经过中游湿地的吸纳后产生的径流深度小于上游河段,出现洪水强度中游流域小于上游流域的结果。

从湿地水文过程看,化解流量体现在 1957~1988 年的 32 年间,有 15 年出现下游菜嘴子站的出流总量小于上游宝清站入流总量,说明有大量洪水在沼泽地漫散。1956~2000 年的 45 年间,宝清站径流深有 36 次大于菜嘴子站径流深,且最大超额值为 1982年,达到 292.2mm,高出多年平均 24%~38%。大面积的长历时暴雨,导致挠力河干支流普遍涨水,8 月下旬内七星河宝安水文站测得洪峰流量 596m³/s,挠力河宝清水文站测得洪峰流量 1010m³/s,而下游的菜嘴子站 9 月中下旬洪峰才达到 714m³/s。大量洪水不能下泄,滞留在菜嘴子站广大湿地中,平均积水深 0.7m,三环泡一带最大积水深度达2m,估算滞留洪水量 37.6 亿 m³。挠力河流域内的河流一般具有春汛和夏汛两个洪水过程,春汛一般出现在 5 月期间,夏汛一般出现在 6~8 月,但一年当中最大水位和流量在 10 月和 11 月都有出现,这与湿地对水文调节过程有关,形成洪水滞后现象。这种滞后性还表现在宝清站与菜嘴子水文站之间最大洪峰流量的线性相关系数(R^2=0.711)小于宝清水文站与炮台亮子之间最大洪峰流量的线性相关系数(R^2=0.9705);菜嘴子站水文站与炮台亮子之间最大洪峰流量的线性相关系数(R^2=0.6779)也小于宝清水文站与炮台亮子之间最大洪峰流量的线性相关系数(R^2=0.9705)(林波,2013),这也充分说明菜嘴子以上湿地对洪水的调节功能是相当明显的。

挠力河流域面上降水量与地表径流深关系总体上呈现随着降水量增加径流深也增加的特点,这符合流域普遍所表现出来的降水与径流相关的特点,但这种关系随着流域土地类型的不同而变化,不是一种显著的线性关系,表现出一种较为复杂的非线性特征。年径流变差系数以保安水文站最大,而以红旗岭水文站最小,年最大与最小径流量比值以红旗岭水文站最小,为 6.7,宝清水文站比值最大,为 21.2,这也说明以森林为主的区域径流量年际变化最小,以湿地为主的区域径流年际变化次之。宝清站水文站径流量变差系数大于菜嘴子,这也说明宝清站与菜嘴子之间湿地对均化年径流量具有一定贡献。

径流变化的空间异质性方面,对菜嘴子、红旗岭、宝清、保安 4 个水文站 1978~2005年的年径流量统计发现,1981 年、2002 年和 2003 年菜嘴子水文站年径流量比保安、宝清和红旗岭三个水文站年总径流量小(图 6-2),这说明流入菜嘴子水文站控制区域的部分径流量被湿地蒸散消耗和蓄积于湿地中,同时也说明平原区湿地对流入的径流量和平原区产生的地表径流量进行了年际调节。利用平原区菜嘴子、红旗岭、宝清站降水资料,采用面积权重计算 1957~1972 年和 1982~2000 年降水与径流深的关系发现,平原区径流深比菜嘴子站整个控制区域的径流深要小,这是由于山丘区的地形和地貌等原因,降水产流与平原区不一样而引起。特别是平原区在 1957～1972 年存在大面积的湿地，湿地本身具有强大的径流调蓄作用。1957～1972 年，平原区径流深平均值为 63.4mm，而统计 1982～2000 年平原径流深只有 26.2mm，这期间湿地被大量开垦，平原区径流深明显减少（刘正茂，2012）。

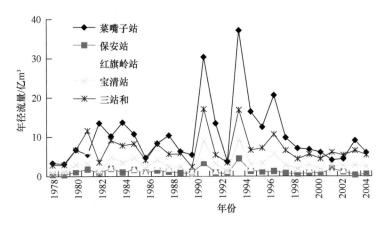

图 6-2　挠力河流域 4 个水文站历年径流量图
三站和是指保安、宝清和红旗岭 3 个水文站径流量之和

第三节　湿地小气候调节功能

因为水具有巨大的比热容，吸收相同的热量时，水的温度上升得较小。同时，水还有较高的汽化热，也就是水在变为水蒸气时，会吸收大量的热。湿地具有面积广大的开放性水面，增加空气湿度的同时，湿地还能有效地降低周边环境温度，调节局部小气候，给周围"发烧"的地区降温就是其作用之一，因此湿地也是气温调节的"神秘之手"（纪鹏等，2017）。温度越高，空气溶解或含水分子的比例越高。这样当气温下降时，水分子的比例就要降低，水分子就要凝结，凝结就要放出热量，使气温上升；相反，气温上升时，湿地又要产生水分子，产生水分子就要吸热，使温度降下来。这样的一升一降，就使湿地的气候得到调节。另外，周边的软泥岸和植被也能增加蒸发量，软泥岸对增加湿地蒸发的作用体现在具有较低的阳光反射率，升温效果比水体好，软泥岸中土壤颗粒间形成了类似毛细血管的空间，凹凸不同的表面也大大增加蒸发面积，使得通过软泥岸的蒸发量增加了（刘双等，2018）。湿地生长大量植被，蒸腾作用强大，也增加蒸发量，如 1kg 的芦苇，就需要蒸腾近 800kg 的水，吸收大量的热量起到降温作用。例如，夏季北京昆明湖湿地周边的气温，就要比城区中心的气温低 5～6℃，而即使是陶然亭湖这样的小型湿地，也能将气温降低 2～3℃。这些地区能够成为人们休闲避暑的胜地，道理就在于此。由于水的热容量小于地面，吸热和放热都较慢，所以湿地上气温变化较为缓和，而干燥的地面上气温变化则较为剧烈。湿地通过水平方向的热量和水汽交换，使其周围的局地气候具有温和湿润的特点。炎热夏季，湖沼湿地对周围气温有明显的调节作用，距离湿地越近，影响越大。从沼泽湿地与裸地不同高度气温日变化看，在各层高度上都是沼泽湿地气温低于裸地，因此说湿地具有冷湿效应（Li et al.，2012）。如三江平原沼

泽湿地与裸露耕地气温垂直分布具有明显差异，两者在 0.2m、0.5m、1.50m、2.0m，其气温差均是湿地气温低于裸地 0.4~2.6℃。根据对比观测，沼泽化草甸的蒸发量相当于裸露耕地的 2.2~2.5 倍。蒸发量与空气湿度是相互影响、相互制约的。对比沼泽与耕地贴地气层的相对湿度，在白天，前者比后者高 7%~13%，如保护区所在的富锦市，目前的年平均相对湿度比大规模开垦前的 1953~1957 年平均减少 6.2%（中国科学院长春地理研究所，1988）。原始湿地比开垦后的农田贴地气层日平均相对湿度高 5%~16%，绝对湿度高 300Pa。而湿地破坏后，由于暖干化导致土壤的风蚀、盐碱化现象加剧，给农业生产和人类生活带来不利的影响。通过在挠力河流域布置仪器进行监测，进一步证实了本区域湿地具有气候调节功能，下面具体介绍研究方法及监测结果。

一、研 究 方 法

1. 气温测量

2016 年 6 月 3 日将 2 个自动温湿仪（HOBO U23）放置在挠力河流域相对典型的七星河支流入干流的一段湿地区域内，仪器距离地面 1.2m，温度测量的时间间隔为 1h，自动记录整点时间的温度值，在 2017 年 6 月 3 日利用手提电脑将这一时段内温度记录数据导出，在室内进行分析，最终得到 2016 年 6 月 3 日至 2017 年 6 月 3 日一整年所有整点时刻的全部温度数据。同时利用挠力河附近的宝清气象台站查询 2016 年 6 月 3 日至 2017 年 6 月 3 日一整年内的对应数据。

2. 日均温数据分析

1）气温记录的整理

将 2 个湿地采样点的温度数据按照每一天进行整理，分别计算一天 24h 的均值，得到研究时段内所有天数的日均温值、日最高温、日最低温，计算日较差（日最高温–日最低温），这样按照时间顺序依次得到每个采样点每个仪器所记录一整年内所有时间点（天）日均温值，然后将每个采样点所有气温指标求均值作为湿地的气温日特征指标，同理对气象台站数据也进行相应处理，得到对应的气温指标。

2）数据分析

首先利用常规统计分析方法，即分别统计湿地和气象台站的日均温、日最高温、日最低温和日较差的均值、极差、标准差、最大值、最小值等指标，对比分析湿地对逐日气温调节作用的表现，同时利用配对样本 T 检验方法对比分析湿地与台站数据的差异程度，分析气温调节的强弱。对湿地在不同季节气温调节的差异性表现采用常规统计和独立样本 T 检验方法进行，即把全年数据按照 3 月、4 月、5 月为春季，6 月、7 月、8 月为夏季，9 月、10 月、11 月为秋季，12 月、1 月、2 月为冬季进行划分，再分别统计各个季节的对应 4 个日气温指标的均值、标准差、最大值、最小值的差异，利用独立样本 T 检验的组内方差认识气温调节的差异程度，利用检验结果判断各个季节间具体差异表现，最后揭示湿地调节气温的内部机制。

二、结 果 分 析

1. 湿地对气温日特征年内整体调节作用

1）日均温的调节

两地日均温相关分析结果显示，相关系数达到极显著程度（$p<0.01$），说明气温日特征非常相似，整体都受区域地理与大气环流等因素控制，最高温和最低温差异大，符合温带地区气温变化特征，是典型温带气候区。年内日均温常规统计结果显示，湿地日均温均值、最大值和最小值都小于宝清站（表 6-12）[均值：3.80℃（湿地）<4.69℃（宝清站）；最大值：27.00℃（湿地）<29.10℃（宝清站）；最小值：−22.76℃（湿地）<−22.00℃（宝清站）]，说明湿地能够起到降温作用。从标准差和极差大小看，日均温变化湿地相对小于宝清站[标准差：14.11℃（湿地）<14.41℃（宝清站）；极差：49.76℃（湿地）<51.10℃（宝清站）]，说明湿地气温波动相对和缓。从配对样本 T 检验结果看，湿地降温幅度每日平均可以达到 0.89℃，且两地差异显著，说明湿地降温效果非常明显（$p<0.01$）。两地地域相近，都是典型温带气候区，但是两者具有差异，说明湿地具有较强的小气候调节功能。

表 6-12　湿地和宝清站年内日均温统计结果

统计方法	样点	均值/℃	标准差/℃	最大值/℃	最小值/℃	极差/℃	
常规统计	湿地	3.80	14.11	27.00	−22.76	49.76	
	宝清站	4.69	14.41	29.10	−22.00	51.10	
配对样本 T 检验	湿地-宝清站	均值	标准差	标准误	t	df	p
		−0.89	0.96	0.05	−17.79	364	0.000

2）日最高温的调节

年内日最高温常规统计结果显示，湿地最高温均值、最大值和最小值都小于宝清站（表 6-13）[均值：9.43℃（湿地）<10.04℃（宝清站）；最大值：31.71℃（湿地）<33.00℃（宝清站）；最小值：−19.22℃（湿地）<−17.00℃（宝清站）]，说明湿地能够对极端温度起到抑制作用，是气温变化的缓冲剂。从标准差大小看，日最高温变化湿地相对小于宝清站 [14.23℃（湿地）<14.40℃（宝清站）]，说明湿地最高气温变化相对和缓。从极差大小看，湿地大于宝清站 [50.93℃（湿地）>50.00℃（宝清站）]，进一步说明湿地对气温降幅影响明显。从配对样本 T 检验结果看，湿地最高温降温幅度每日平均可以达到 0.61℃，且两地差异显著，说明湿地对极端气温调节效果非常明显（$p<0.01$）。

表 6-13　湿地和宝清站年内日最高温统计结果

统计方法	样点	均值/℃	标准差/℃	最大值/℃	最小值/℃	极差/℃	
常规统计	湿地	9.43	14.23	31.71	−19.22	50.93	
	宝清站	10.04	14.40	33.00	−17.00	50.00	
配对样本 T 检验	湿地-宝清站	均值	标准差	标准误	t	df	p
		−0.61	1.60	0.08	−7.34	364	0.000

3）日最低温的调节

年内日最低温常规统计结果显示，湿地最低温均值、最大值和最小值都小于宝清站（表6-14）[均值：−1.68℃（湿地）<−0.62℃（宝清站）；最大值：21.78℃（湿地）<24.00℃（宝清站）；最小值：−29.72℃（湿地）<−28.00℃（宝清站）]，说明湿地有降低最低温的作用。从日最低温变化标准差大小看，湿地相对大于宝清站[15.00℃（湿地）>14.48℃（宝清站）]，说明湿地对最低温调节复杂，出现波动幅度稍大的特点。从极差大小看，湿地小于宝清站[51.51℃（湿地）<52.00℃（宝清站）]，说明湿地对一天中最低温的降低作用更明显。从配对样本 T 检验结果看，湿地日最低温降幅平均可以达到−1.07℃，相对其他指标最大，且两地差异显著，与极差分析结果一致说明湿地对极端最低温作用更明显（$p<0.01$）。

表6-14　湿地和宝清站年内日最低温统计结果

统计方法	样点	均值/℃	标准差/℃	最大值/℃	最小值/℃	极差/℃		
常规统计	湿地	−1.68	15.00	21.78	−29.72	51.51		
	宝清站	−0.62	14.48	24.00	−28.00	52.00		
配对样本 T 检验	湿地-宝清站	均值	标准差	标准误	t	df	p	
		−1.07	3.06	0.16	−6.68	365	0.000	

4）日较差的调节

年内日较差常规统计结果显示，湿地日较差均值、最大值都大于宝清站（表6-15）[均值：11.15℃（湿地）>10.70℃（宝清站）；最大值：25.49℃（湿地）>20.00℃（宝清站）]，说明目前湿地对一天之中气温变化虽具有缓冲作用，但调节功能没有完全体现，所以需要认识在不同季节的表现。从标准差和极差大小看，日较差变化湿地相对大于宝清站[标准差：4.24℃（湿地）>3.12℃（宝清站）；极差：23.64℃（湿地）>17.00℃（宝清站）]，说明湿地对日较差调节复杂，波动幅度稍大。从配对样本 T 检验结果看，湿地日较差升幅平均可以达到 0.44℃，且两地差异显著（$p<0.05$），说明湿地对缓解气温变化的作用较为复杂，需要进一步在季节上进行分析。

表6-15　湿地和宝清站年内日较差统计结果

统计方法	样点	均值/℃	标准差/℃	最大值/℃	最小值/℃	极差/℃		
常规统计	湿地	11.15	4.24	25.49	1.86	23.64		
	宝清站	10.70	3.12	20.00	3.00	17.00		
配对样本 T 检验	湿地-宝清站	均值	标准差	标准误	t	df	p	
		0.44	3.39	0.18	2.51	364	0.013	

2. 湿地对气温日特征调节的季节差异

1）日均温的季节差异

单因素方差分析表明，不同季节日均温组内差异显著（$p<0.01$），说明湿地对不同季节调节作用具有明显差异。常规统计结果显示，日均温都以降温为主（全为负值），均值大小为冬季（−1.54℃）<秋季（−0.89℃）<春季（−0.60℃）<夏季（−0.55℃）

（表 6-16）。日均温是衡量一天气温整体状况的指标，是一天整体情况的综合反应。湿地在冬季降温幅度最大，因为冬季湿地几乎都被冰雪覆盖，白天反射热量多，吸收少，晚上辐射强烈，散失热量最多，所以日均温降幅最大。其次秋季降温幅度也较大，因为秋季湿地水分锐减，植被枯萎，秋天降水少，晴天多，蒸发旺盛，吸收热量多，所以降温相对大。再次，春季还有一些积雪尚未完全融化，散失热量相对多。夏季下降幅度最小，这与夏季地面凝结放热有关。

表 6-16 不同季节日均温常规统计结果

季节	均值/℃	标准差/℃	最大值/℃	最小值/℃
春季	−0.60	0.94	1.45	−2.99
夏季	−0.55	0.67	1.11	−2.10
秋季	−0.89	0.83	1.12	−3.21
冬季	−1.54	1.03	0.76	−3.73

不同季节日均温多重比较结果（表 6-17）显示，秋冬两季与其他季节差异显著（$p<0.05$），说明湿地对冬半年降温影响最大。只有春夏两季差异不显著（$p>0.05$），说明湿地对夏半年降温没有冬半年大，因为有白天蒸发吸热、晚上凝结放热的调整，使整体上降温幅度没有冬半年明显，也说明湿地在夏半年起到的气温空调器作用相对突出。

表 6-17 不同季节日均温多重比较结果

季节	季节	均值差	标准误	p
春季	夏季	−0.053	0.129	0.682
	秋季	0.286*	0.129	0.028
	冬季	0.933**	0.130	0.000
夏季	春季	0.053	0.129	0.682
	秋季	0.339**	0.129	0.009
	冬季	0.986**	0.130	0.000
秋季	春季	−0.286*	0.129	0.028
	夏季	−0.339**	0.129	0.009
	冬季	0.648**	0.130	0.000
冬季	春季	−0.933**	0.130	0.000
	夏季	−0.986**	0.130	0.000
	秋季	−0.648**	0.130	0.000

*$p<0.05$；**$p<0.01$。

2）日最高温的季节差异

单因素方差分析表明，不同季节日最高温组内差异显著（$p<0.01$），说明在不同季节湿地调节气温的作用是不同的。常规统计结果显示，日最高温都以降温为主（都为负值），均值大小为夏季（−1.25℃）<冬季（−0.49℃）<春季（−0.39℃）<秋季（−0.33℃）（表 6-18）。因为日最高温都出现在午后，湿地在夏季水分最多，植被生长最好，河岸泥泞，曲率最大，蒸发最旺盛，吸收热量最多，所以日最高温降幅最大；其次冬季最高温降幅也较大，因为冬天湿地一些植物干枯，地势低洼，积雪较多，地势开敞，散射量大，

吸收少，降温幅度相对大；再次为春季，因为春季多风，积雪融化，吸收热量，所以有一定的降温作用；秋季最小，因为秋季湿地水分锐减，植被枯萎，蒸发少，降温幅度最小。标准差大小为夏季（1.71℃）>冬季（1.66℃）>春季（1.61℃）>秋季（1.21℃），与均值大小排序类似，说明降温幅度越大，气温变化幅度越明显，降温机制复杂，当降温幅度越大时影响因素越多样，波动幅度必然越大。

表 6-18　不同季节日最高温常规统计结果

季节	均值/℃	标准差/℃	最大值/℃	最小值/℃
春季	−0.39	1.61	4.09	−5.49
夏季	−1.25	1.71	3.82	−6.30
秋季	−0.33	1.21	4.07	−2.41
冬季	−0.49	1.66	4.20	−4.28

不同季节日最高温多重比较结果（表 6-19）显示，夏季与其他季节差异极显著（$p<0.01$），说明湿地在夏季对日最高温降幅最明显，因为温度高，蒸发强，吸热最多，所以降温也最大。春季与夏秋两季差异极显著（$p<0.01$），说明春季随着冰雪融化，吸热多，虽然不如夏季降温作用强，但是比秋季明显。而冬季除与夏季差异显著（$p<0.01$）外，与春秋差异不明显。

表 6-19　不同季节日最高温多重比较结果

季节	季节	均值差	标准误	p
春季	夏季	0.860**	0.230	0.000
	秋季	−0.058**	0.231	0.800
	冬季	0.105	0.231	0.651
夏季	春季	−0.860**	0.230	0.000
	秋季	−0.918**	0.231	0.000
	冬季	−0.755**	0.231	0.001
秋季	春季	0.058	0.231	0.800
	夏季	0.918**	0.231	0.000
	冬季	0.163	0.232	0.482
冬季	春季	−0.105	0.231	0.651
	夏季	0.755**	0.231	0.001
	秋季	−0.163	0.232	0.482

注：差值为第 1 列减去第 2 列，** $p<0.01$。

3）日最低温的季节差异

单因素方差分析表明，不同季节日最低温组内差异显著（$p<0.01$），说明在不同季节湿地调节气温的作用是不同的。常规统计结果显示，日最低温也是以降温为主（都为负值），均值大小为冬季（−1.61℃）<春季（−1.24℃）<秋季（−0.89℃）<夏季（−0.57℃）（表 6-20）。日最低温正常都出现在黎明前，与晚上下垫面辐射降温有关，湿地在冬季降温幅度最大，因为冬季湿地几乎都被冰雪覆盖，辐射强烈，散失热量最多，所以日最低温降幅最大；其次为春季，最低温降幅大，因为春季湿地还有一些积雪尚未完全融化，

散失热量比纯地面多；再次为秋季，因为秋季湿地水分锐减，植被枯萎，地面有一定的热量散失；夏季黎明时由于低空大气水分凝结为雾或露产生放热现象，最低温下降最小。标准差大小为冬季（3.56℃）<春季（3.39℃）<秋季（3.17℃）<夏季（1.70℃），与均值大小排序类似，说明降温幅度越大，气温变化幅度越明显，波动幅度越大。

表 6-20 不同季节日最低温常规统计结果

季节	均值/℃	标准差/℃	最大值/℃	最小值/℃
春季	-1.24	3.39	7.21	-9.99
夏季	-0.57	1.70	3.71	-5.34
秋季	-0.89	3.17	4.78	-10.91
冬季	-1.61	3.56	8.03	-15.19

不同季节日最低温多重比较结果（表6-21）显示，只有夏季与冬季差异显著（$p<0.05$），说明湿地在冬季散失热量比夏季凝结放热差异明显。而其他季节差异不明显（$p>0.05$），说明其他季节降温机制导致的降温程度差异不显著。

表 6-21 不同季节日最低温多重比较结果

季节	季节	均值差	标准误	p
春季	夏季	-0.663	0.449	0.140
	秋季	-0.348	0.450	0.440
	冬季	0.371	0.451	0.411
夏季	春季	0.663	0.449	0.140
	秋季	0.315	0.450	0.484
	冬季	1.034*	0.451	0.023
秋季	春季	0.348	0.450	0.440
	夏季	-0.315	0.450	0.484
	冬季	0.719	0.452	0.113
冬季	春季	-0.371	0.451	0.411
	夏季	-1.034*	0.451	0.023
	秋季	-0.719	0.452	0.113

注：差值为第1列减去第2列，* $p<0.05$。

4）日较差的季节差异

单因素方差分析表明，不同季节日较差组内差异显著（$p<0.01$），说明在不同季节湿地调节气温的作用是不同的。常规统计结果显示，日较差均值除夏季外都为正值，说明湿地对日气温的抑高扬低作用主要体现在夏季，即湿地避暑效果是明显的，但是在其他季节没有这种效果，相反，具有加大日气温变化的作用（表 6-22）。这和夏季湿地白天蒸发旺盛，晚上凝结释热有关，而其他季节这种效应减弱。随着湿地水分减少，植被干枯，日较差加大，尤其在冬季冰雪覆盖下日较差增加趋势更为明显。标准差大小为冬季（3.76℃）<春季（3.65℃）<秋季（3.48℃）<夏季（2.12℃），说明冬季气温日变化幅度最大，夏季最小。

不同季节日较差多重比较结果显示，夏季与其他季节差异极显著（$p<0.05$），说明

湿地避暑效果非常明显。而在其他季节这种影响显然不突出，尤其是冬季日较差加大更显示湿地的寒冷。其他季节差异不显著（$p>0.05$），说明气温调节器效果主要体现在夏季，其他季节这种效应并不明显，只是起到降温的作用（表6-23）。

表6-22 不同季节日较差常规统计结果

季节	均值/℃	标准差/℃	最大值/℃	最小值/℃
春季	0.85	3.65	10.49	−8.99
夏季	−0.67	2.12	3.82	−6.25
秋季	0.56	3.48	13.79	−4.85
冬季	1.12	3.76	17.05	−6.66

表6-23 不同季节日较差多重比较结果

季节	季节	均值差	标准误	p
春季	夏季	1.523**	0.489	0.002
	秋季	0.289	0.490	0.556
	冬季	−0.266	0.492	0.588
夏季	春季	−1.523**	0.489	0.002
	秋季	−1.233*	0.490	0.012
	冬季	−1.789**	0.492	0.000
秋季	春季	−0.289	0.490	0.556
	夏季	1.233*	0.490	0.012
	冬季	−0.556	0.493	0.261
冬季	春季	0.266	0.492	0.588
	夏季	1.789**	0.492	0.000
	秋季	0.556	0.493	0.261

注：差值为第1列减去第2列，$*p<0.05$，$**p<0.01$。

三、结论与讨论

湿地气温与邻近气象台站气温的逐日对比分析表明，湿地对气温的调节作用非常显著。从全年看，湿地能够使日均温下降0.89℃，对极端气温也有下降作用，日最高温下降0.61℃，最低温下降1.07℃，整体上湿地都能起到降温作用。从季节差异看，湿地对夏季的气温调节显著，即大幅度降低最高温，适度降低最低温，使日均温适当下降，气温空调器的作用发挥非常明显。

从冬季日气温调节看，主要是降温作用明显，所有指标下降趋势显著。尤其是冬半年降温效果更是突出，可以看出湿地在应对全球气候变暖，尤其是缓解暖冬效应方面发挥着重要作用，是全球气候变暖的缓冲剂。

第四节 湿地水质净化功能

湿地被称为"地球之肾"，在水质净化方面发挥重要作用。湿地具有独特的过滤作用，具有吸附、降解和排除水中污染物、悬浮物和营养物的功能，湿地的水质净化功能涉及一系列复杂界面的过滤过程和生存于其间的多样性生物群落与其环境间的相互作用过程。该过程既有物理作用，也有化学和生物作用（方松林和曹盼宫，2017）。物理作用主要是湿地的过滤、沉积和吸附作用；化学作用主要是吸附于湿地孔隙中的有机微生物提供酸性环境，转化和降解水中的重金属；生物作用包括微生物作用和植物作用，前者是指湿地土壤和根际土壤中的微生物，如细菌对污染物的降解作用，后者是指大型植物，如芦苇、香蒲以及藻类在生长过程中从污水中汲取营养物质的作用，从而使污水净化，生物作用是湿地环境净化功能的主要方式。通过这些过程可以沉淀、排除、吸收和降解有毒物质，利用湿地土壤、植物、微生物的物理、化学、生物三重协同作用，对湿地水进行处理，其作用机制包括吸附、滞留、过滤、氧化还原、沉淀、微生物分解、转化、植物遮蔽、残留物积累、蒸腾水分和养分吸收及各类动物作用等各种过程（李子富等，2011）。

有研究结果显示，河岸湿地对河流和溪流营养与沉积物的降低非常有效，50m 带宽的河岸湿地大约能去除径流、地下水和降水中 89%的氮，河边森林灌丛湿地能降低径流和洪水中 50%的磷（郗敏等，2006）。三江平原浓江河岸缓冲带对地表径流的 TN、NH_4^+-N、TP 去除率最高可分别达到 73.13%、86.45%、74.36%。河岸湿地净水效果取决于规模、位置、植被、水文条件和土壤类型等因素。为了达到改善整个流域水质的目的，湿地必须能大量拦截流域径流。总的来说，越宽的湿地去污效果越好。针对挠力河保护区湿地，通过恢复湿地与邻近天然湿地的水质对比，对水质净化作用进行分析，揭示湿地水质净化功能。

一、研究方法

湿地开垦为农田后在耕作过程中施用大量化肥农药，部分进入到土壤中形成残留物，当耕地重新恢复成湿地后，在长期浸泡过程中，滞留在土壤里面的大量残留物质会进入到湿地水体。另外，恢复湿地一般都在湿地边缘，邻近农田，所以水田退水及农田的面源污染也会优先通过恢复湿地进入天然湿地，使湿地水质恶化。通过恢复湿地与天然湿地的水质对比可以判断夏季挠力河湿地水质净化能力。

1. 野外实地取样

为了分析恢复湿地与天然湿地的水质差异进而分析湿地水质净化能力，在 2015 年 8 月进行采样。此时是附近农田区域向湿地集中排水时期，能够相对准确地认识湿地的水质净化能力。采样点的设置是以恢复湿地为中心，沿河流上下游湿地展开，依次在没有受到破坏的天然湿地的 3 个采样点进行采样。所选择的恢复湿地在退耕前是旱田，主要种植玉米等大田作物，2005 年进行退耕还湿。因为退耕湿地与天然湿地原来相连，具有直接水文联系，所以在开垦前水质本底是相似的，开垦后与湿地隔开，这时水质与天然湿地出现差异。退耕后又与湿地连通，所以经过 11 年的恢复后分析退耕湿地水质与邻近天然湿地水质差异具有一定可比性，是研究恢复湿地的水质特征及其对邻近湿地水质影响的理想区域。一共设置 4 个采样点，分别是恢复湿地、大兴、千鸟湖、长林站（图 6-3）。恢复湿地采样点在下游，另外 3 个采样点在上游，因此恢复湿地采样点的水质不会影响到另外 3 个采样点。每个采样点重复采样 3 次，每次取水 500ml，取样后进行水质测定。

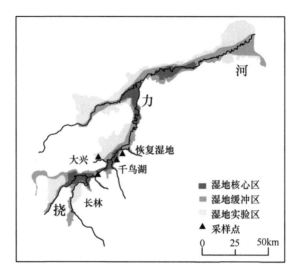

图 6-3 挠力河流域野外水质采样点示意图

2. 水质的测量方法

1）指标的选取

按照《水和废水监测分析方法》（第四版增补版）（国家环境保护总局《水和废水监测分析方法》编委会，2002）相关规定进行分析测试，项目包括溶解性固体总量（TDS）、硝态氮（NO_3-N）、铵态氮（NH_4-N）、总氮（TN）、总磷（TP）、化学需氧量（COD_{Mn}）、水中溶解氧（DO）和五日生化需氧量（BOD_5）。DO 采用碘量法现场固定实地测量，结束后把样品冷藏带到室内进行理化指标的检测。检测方法见表 6-24。

表 6-24 水质指标的分析方法

序号	指标	分析方法
1	溶解性固体总量（TDS）	TDS 计量器（GB/T6682）
2	硝态氮（NO_3-N）	酚二磺酸光度法（《水和废水监测分析方法》）
3	铵态氮（NH_4-N）	纳氏试剂比色法（GB7479—87）
4	总氮（TN）	碱性过硫酸钾紫外分光光度法（GB11894—89）
5	总磷（TP）	钼酸铵分光光度法（GB11893—89）
6	化学需氧量（COD_{Mn}）	重铬酸钾法（GB11914—89）
7	水中溶解氧（DO）	电化学探头法（GB11913—89）
8	五日生化需氧量（BOD_5）	稀释接种法（GB7488—87）

2）国家水质分类的标准和指示意义

依照《地表水环境质量标准》（GB3838—2002）中的规定，根据淡水使用目的和保护目标，我国淡水分为五大类，分类标准和适用范围对于水质分析有一定指示意义，所以本研究对各个采样点水质的分析都参照这个标准进行。

3. 分析方法

1）常规统计与方差分析

分别对各采样点水样的各个测量指标结果进行运算，利用三个重复样品的均值代表对应采样点这个水质指标的实际数值,然后与各类水质标准进行对比,分析水质的优差状况,判断水质的净化能力。为了对不同的指标进行综合比较,使用去量纲方法使不同指标在同一体系下进行统计分析,采用的去量纲方法是线性比例变换法正指标:

$$Y_i = x_i / \min x_i \quad (1 \leqslant x_i \leqslant n) \tag{6-20}$$

式中,Y_i 为去量纲后数值;x_i 为原数值。

去量纲后再利用配对样本 T 检验确定 4 个采样点水质的差异程度,分析恢复湿地与天然湿地水质差异,进而分析湿地水质净化能力。

2)聚类与相关分析

为了综合认识恢复湿地与天然湿地水质的差异程度,采用聚类分析的方法进一步分析采样点水质的差异水平。使用 SPSS16.0 分析软件聚类模块,将 4 个采样点 8 个水质指标进行分组聚类(根据实际情况将 4 个采样点分为 3 组)。为使分类结果具有更大的可信性,实际分类时都采用 3 种分类方法:第一种聚类方法选择的是类间平均链锁(between-grous linkage),距离的测度方法是欧氏距离平方(squared Euclidean distance);第二种聚类方法为类内平均链锁(with-grous linkage),距离的测度方法是欧氏距离平方;第三种聚类方法为最近邻法(nearest neighbor),距离的测度方法是欧氏距离平方。因为各个水质指标之间内部有着固有联系,所以采用相关分析揭示各个采样点指标之间的关联程度,分析水质净化过程。

二、结果与分析

1. 地表植被对比分析

从野外植被调查结果可以看出,灰脉薹草、小叶章、香蒲在 4 个采样点盖度最大,4 个点植物种类都比较多(表 6-25),属于典型湿地植物分布区。水生植物比重大,都以湿地草本植被为优势种,恢复湿地与天然湿地植被类型无显著差异。

表 6-25　4 个采样点植物样方调查表

采样点	物种	拉丁学名	盖度/%	数量	高度/cm
恢复湿地	灰脉薹草	*Carex appendiculata*	45	3 丛	55
	稗	*Echinochloa crusgalli*	25	35	35
	春蓼	*Polygonum persicaria*	4	5	25
	东北沼委陵菜	*Comarum palustre*	2	4	14
	两栖蓼	*Polygonum amphibium*	2	2	20
	鬼针草	*Bidens pilosa*	3	3	24
	旋覆花	*Inula japonica*	3	5	25
大兴	小叶章	*Deyeuxia angustifolia*	85	900	50
	芦苇	*Phragmites australis*	23	28	70
	鬼针草	*Bidens pilosa*	10	35	45
	水蓼	*Polygonum hydropiper*	3	1	50
	毛水苏	*Stachys baicalensis*	5	6	35
千鸟湖	灰脉薹草	*Carex appendiculata*	90	3 丛	120
	小叶章	*Deyeuxia angustifolia*	15	230	45

续表

采样点	物种	拉丁学名	盖度/%	数量	高度/cm
千鸟湖	睡莲	*Nymphaea tetragona*	5	4	8
	菰	*Zizania latifolia*	3	4	100
	鬼针草	*Bidens pilosa*	5	2	32
	毛水苏	*Stachys baicalensis*	3	5	28
	狭叶甜茅	*Glyceria spiculosa*	1	5	45
长林站	香蒲	*Typha orientalis*	30	190	17
	芦苇	*Phragmites australis*	15	160	25
	水蓼	*Polygonum hydropiper*	1	60	2
	狸藻	*Utricularia vulgaris*	5	1	50

2. 水质对比分析

各个采样点水质指标均值与国家水质分类标准对比分析表明，恢复湿地的水质除 TDS 为Ⅲ类水质外，其余都是Ⅴ类水质，说明恢复湿地的水质最差；其次为千鸟湖，有 4 个指标为Ⅳ类水质；再次为长林站，1 个指标为Ⅴ类水质，有 2 个指标为Ⅱ类水质；水质最好的是大兴，1 个指标为Ⅴ类水质，1 个指标为Ⅱ类水质（表 6-26）。从 4 个采样点的空间位置看，越靠近恢复湿地水质越差，向下游水质相对差。由于挠力河地处三江平原腹地，水流平缓，恢复湿地的水必然要向四周扩散，进入天然湿地后随着湿地净化后水质逐渐提升，说明挠力河湿地具有重要的水质净化能力。

表 6-26　各个采样点各种水质指标的均值

采样点	TDS/(mg/L)	NO$_3$-N/(µg/L)	NH$_4$-N/(mg/L)	TN/(mg/L)	TP/(mg/L)	COD$_{Mn}$/(mg/L)	DO/(mg/L)	BOD$_5$/(mg/L)
恢复湿地	0.45	0.78	0.03	20.54	1.82	8.35	3.95	14.58
大兴	0.15	0.02	0.04	0.78	0.03	9.68	7.67	0.98
千鸟湖	0.15	0.24	0.04	1.19	0.11	7.99	7.79	1.56
长林站	0.28	0.10	0.03	0.91	0.04	14.95	7.86	1.91

独立样本 T 检验分析结果表明，恢复湿地水质与 2 个采样点（大兴和千鸟湖）差异显著（$p<0.05$），说明恢复湿地的水质相对于天然湿地的水质差异大，水质较差（表 6-27）。从 3 个采样点的水质差异程度看，千鸟湖与长林站差异小（0.66），说明湿地水质净化能力开始显现。而大兴与和恢复湿地差异最显著，说明水质开始好转（表 6-27），与另外两个点（千鸟湖、长林站）呈现一定非显著差异，水质最好，说明当含污染物的农田退水进入湿地并经过净化后，水质逐渐改善。

表 6-27　配对样本 T 检验统计结果

采样点	恢复湿地	大兴	千鸟湖
大兴	0.04*		
千鸟湖	0.04*	0.39	
长林站	0.12	0.30	0.66

*$p<0.05$。

聚类分析结果表明，三种分类结果都一致，说明数据所反映出来的情况是一致的，水质最差的一组是恢复湿地。说明退耕还湿后，水质受到原有耕地本底影响较大。千鸟湖和长林站为一组，说明挠力河干流湿地区水质较好。大兴独立一组，说明天然湿地干支流交界处水质比一般干流处湿地要好（表6-28）。

表 6-28　聚类分析结果

采样点	分类结果		
	第一种分类结果	第二种分类结果	第三种分类结果
恢复湿地	2	2	2
大兴	1	1	1
千鸟湖	3	3	3
长林站	3	3	3

3. 水质差异的机制分析

从 8 个指标间相关系数的显著性个数看，一共有 14 个，占全部相关系数的一半。从具体指标显著性水平看，最多的是 TN 指标、TP 指标、DO 指标和 BOD_5 指标（5 个相关系数达到显著水平），其次是 NO_3-N 指标和 TDS 指标，4 个相关系数达到显著水平，最少的是 NH_4-N 指标和 COD_{Mn} 指标，没有相关系数达到显著水平（表 6-29）。

表 6-29　采样点各种指标间的相关系数

相关系数	TDS	NO_3-N	NH_4-N	TN	TP	COD_{Mn}	DO
NO_3-N	0.85						
NH_4-N	−0.87	−0.52					
TN	0.90*	0.97**	−0.57				
TP	0.89*	0.97**	−0.56	0.99**			
COD_{Mn}	0.03	−0.47	−0.50	−0.40	−0.41		
DO	−0.89*	−0.96*	0.55	−0.99**	−0.99**	0.41	
BOD_5	0.92*	0.97**	−0.61	0.99**	0.99**	−0.36	−0.99**

* $p<0.05$，** $p<0.01$。

以上分析结果表明，湿地污水中溶解氧的降低是由溶解性总固体增多，水中杂质多造成的，而这些杂质突出表现在全氮、全磷的增多带来 BOD_5 含量增加，消耗更多的氧使水中溶解氧含量降低，所以水质恶化主要是氮、磷含量增多引起的连锁反应。另外与 COD_{Mn} 相关系数的显著性水平比较低（没有系数达到显著水平）（表 6-29），说明目前水质恶化仍在生态可控范围之内，水体污染主要是湿地周围农田退水进入湿地造成的。

相关系数分析结果表明，湿地水质的控制性指标是全氮、全磷，处在指标体系的衔接位置，与多个指标密切关联，所以导致水质变化的主导因子是氮、磷的过量输入，而且氮、磷指标之间的相关性极强，说明两者几乎同时产生，同时进入水体中，形成原因是一致的。

综上所述，从对比分析可以看出，虽然恢复湿地植被类型与天然湿地类似，但是由于在恢复为湿地之前的耕作过程中施用的化肥农药进入土壤中，当耕地恢复成湿地后，在长期浸泡过程中滞留在土壤中的氮、磷会进入到湿地水体里，使恢复湿地，甚至邻近湿地水质恶化。同时湿地的净化作用使水质逐渐趋好，最后达到相对良好的水平。

三、结论与讨论

在对恢复湿地与天然湿地水质对比分析中发现，虽然退耕后湿地植物能够在较短时间内进行恢复，但是从水质差异看，农业活动的影响依然存在。恢复湿地与天然湿地水质具有较大差异，在耕地恢复为湿地后存留在原耕地土壤中的大量氮、磷进入水体中使恢复湿地的水质恶化，富营养化趋势明显。综上可知：

（1）恢复湿地和天然湿地的植被特征差异不明显，退耕还湿后湿地植物迅速恢复，与天然湿地无显著差异；

（2）配对样本 T 检验和聚类分析结果均表明，恢复湿地与天然湿地的水质存在显著差异，而且越靠近恢复湿地的采样点水质越差，说明湿地逐渐降解水中氮、磷等各类污染物，最后达到净化水质的目的；

（3）相关分析结果表明，湿地具有较强的水质净化能力，可在较小的空间范围内对水体中的污染物进行净化，逐渐接近天然湿地水体标准。

第五节　湿地土壤生态环境功能

湿地的定义多种多样，但大多数湿地定义都阐明了特殊的多水环境、多样的水生生物以及独特的水成土壤是湿地的基本组成要素。1995 年美国农业部通过其下属的土壤保护组织把湿地定义为："湿地是一种土地，它具有一种占优势的水成土壤；经常被地表水或地下水淹没或饱和，生长有适应饱和土壤环境的典型水生植被"（姜明，2007）。它是基于农业的定义，强调了湿地的组成部分即水成土壤，这也说明了湿地土壤在湿地生态系统中的重要位置。美国自然保护联盟将湿地土壤定义为水成土壤，即在植物生长季期间有足够长的时间土壤水分饱和、周期性水淹以及积水，以至于在土壤上部形成厌氧条件。结合湿地的基本组成要素及其水文、生物特征，可将湿地土壤定义为："长期积水或在生长季积水或周期性淹水的环境条件下，具有明显的有机质累积或潜育化过程，生长有水生植物或湿生植物的土壤"。在这个定义中既考虑到了湿地土壤形成的水文及生物过程，还考虑其重要的发育过程及特征。湿地土壤的主要特征首先表现为其有机质含量高。湿地地形平坦或低洼，排水不良，各种动植物残体分解缓慢或不易分解，有机物质的生成超过其分解作用，出现有机土壤物质的积累。我国三江平原沼泽湿地土壤有机质含量可高达 $500\sim700\text{g/kg}$。湿地土壤的独特氧化还原过程也是湿地土壤的典型特征。位于水陆过渡地带的湿地，虽然没有什么生态过程是湿地唯一的，但滞水或生态系统的周期性淹水所引起的氧化还原过程，其主导地位往往比它在高地或深水生态系统中的主导地位要强。湿地土壤的 Eh 值一般为 $-200\sim300\text{mV}$，低于陆地土壤的 Eh 值（大致变化为 $500\sim700\text{mV}$）（姜明，2007）。

　　湿地土壤环境功能是指湿地土壤在生态系统界面上维持生物生产的能力，保持与提高湿地周围环境质量，维持人类和生物健康生存的能力。具体包括湿地土壤的提供生物栖息地功能、物质"源汇"功能、养分累积功能、净化器及记忆功能等。为了分析挠力河湿地土壤的生态环境功能，2016 年 5 月对挠力河湿地土壤进行了样品采取，根据保护区不同湿地土壤类型共选择 10 个采样区域（图 6-4），每个采样区域内的土壤样品有 3 次重复。每个样品利用对角线方法采取，在采样区内选取 5 个样点，取土壤表层 0~20cm 土样品，将 5 个样点的土壤充分混合后得到一个土壤样品。将样品干燥通风除杂研磨，过筛后测试土壤 pH、有机质、全氮、全磷以及汞等重金属，具体数据见表 6-30。

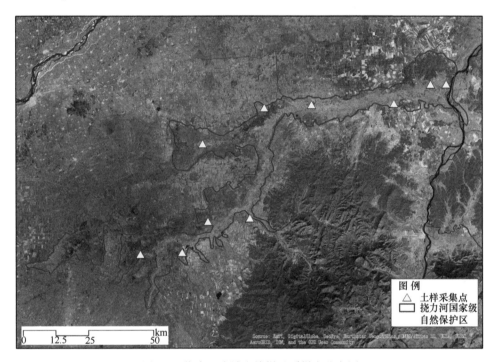

图 6-4　挠力河流域土壤样品采样点分布图

表 6-30　土壤指标综合分析常规统计结果

编号	pH	有机质/%	TN/（g/kg）	TP/（g/kg）	Hg/（mg/kg）
1	6.190	341.9	12.122	0.852	0.026
2	6.610	67.17	3.262	0.491	0.024
3	6.310	37	1.469	0.583	0.016
4	6.570	18.72	0.842	0.492	0.009
5	7.320	109.76	4.652	0.820	0.022
6	6.590	43.82	1.676	0.479	0.031
7	6.740	64.35	2.946	0.640	0.023
8	6.310	51.92	1.822	0.952	0.027
9	6.740	16.54	0.921	0.244	0.022
10	6.450	268.36	10.452	0.785	0.022

结合已发表的挠力河保护区及周边地区的土壤剖面形态、土壤动物、土壤养分等调查数据，对挠力河的土壤生态环境功能进行综合评估。

一、生态功能

湿地土壤的生态功能表现在提供生物栖息地及生物多样性。湿地拥有丰富的土壤生物类群，湿地生态系统中绝大多数生物的生长离不开土壤。三江平原沼泽湿地土壤动物类群为 35 类，隶属于 3 门 7 纲 13 目 21 科。湿地土壤也是湿地微生物、动物的生活场所，湿地土壤的类型、结构和肥力状况同样会对湿地土壤微生物和动物的类群、数量产生深刻的影响。三江平原典型湿地土壤动物可达 5 门 12 纲 27 目 45 科，优势类群为真螨目、鞘翅目成虫、线虫和柄眼目 4 类，常见类群 9 类，稀有类群 18 类（表 6-31）。优势种群和常见种群都具有明显的季节动态变化。整个生长季典型湿地类型土壤动物多样性指数为 2.32，丰富度指数为 3.85，均匀度指数为 0.68，优势度指数为 0.15。类群数、多样性指数、均匀度指数和丰富度指数，在温度、湿度条件优越的 8 月最大（武海涛等，2008）。

表 6-31　三江平原典型湿地生长季土壤动物类群

动物名称	占个体总数的比例/%	数量等级	动物名称	占个体总数的比例/%	数量等级
线虫	11.14	+++	尖眼覃蚊科		
轮虫	0.21	+	长足虻科		
大蚓类	1.53	++	食木虻科		
正蚓科			摇蚊科		
小蚓类	0.45	+	大蚊科		
线蚓科			粪蚊科		
蛭类	1.16	++	半翅目	2.52	++
柄眼目	10.19	+++	鞭蝽科		
巴蜗牛科			鞭蝽属		
平瓣蜗牛属			网蝽科		
琥珀螺科			鳞翅目幼虫	1.65	++
中腹足目			蝙蝠蛾科		
环口螺科	0.17	+	毒蛾科		
褶口螺属			夜蛾科		
瓣鳃类	0.70	+	大蚕蛾科		
蜘蛛目	8.87	++	鞘翅目成虫	11.67	+++
真螨目	31.02	+++	水龟甲科		
甲螨亚目			象甲科		
前气门亚目			步甲科		
寄螨目	1.40	++	叩甲科		
中气门亚目			朽木甲科		
裂盾目	0.12	+	三锥象甲科		
蜈蚣目	0.33	+	缨甲科		

续表

动物名称	占个体总数的比例/%	数量等级	动物名称	占个体总数的比例/%	数量等级
地蜈蚣目	0.17	+	葬甲科		
马陆类	0.54	+	隐翅甲科		
等足目	0.04	+	金龟甲科		
卷甲虫科			出尾蕈甲科		
弹尾目	9.03	++	苔甲科		
跳虫科			红萤科		
跳虫属			蜚蠊目	0.25	+
圆跳科			异爪蠊科		
球角跳科			膜翅目	0.21	+
等节跳科			蚁科		
疣跳科			鞘翅目幼虫	1.16	++
鳞跳科			革翅目	0.04	+
双尾目	0.50	+	肥螋科		
棒亚目			啮目	0.54	+
古蚖目	0.17	+	半齿科		
蚖目	0.29	+	半齿属		
蚖科			鼠齿科		
夕蚖科			同翅目	0.29	+
双翅目幼虫	3.51	++	缨翅目	0.17	+
蚤蝇科					

注：+++为优势类群，个体数占总数的10%以上；++为常见类群，个体数占总数的1%～10%；+为稀有类群，个体数占总数的1%以下。

二、物质"源汇"功能

湿地土壤由于其自身的特点，在植物生长、促淤造陆等生态过程中积累了大量的无机碳和有机碳。加上湿地土壤水分过饱和状态，具有厌氧的生态特性，因此土壤微生物以嫌气菌类为主，活动相对较弱，对各种动植物残体分解缓慢或不易分解。每年湿地中由于动植物死亡所输入的碳因得不到充分的分解而不断积累，逐年累月形成了富含有机质的湿地土壤。此外，低温也是促进有机质积累的重要因素。低温条件下土壤微生物的活性降低，有利于有机土壤物质的积累。因此，湿地土壤的主要特征表现为其有机质含量高（Boyer et al.，2018）。湿地一旦受到人类活动的干预（如农用开垦、排水等）后，随着水分减少和土壤氧化性能增强，植物残体及泥炭的分解速率将会大大提高，碳的释放量增加，结果导致湿地土壤有机碳的损失。所以，分析土壤有机质含量对于全面认识湿地土壤生态功能有着重要意义。

湿地土壤在化学元素循环中特别是二氧化碳、一氧化二氮与甲烷等温室气体的固定和释放中起着重要"开关"作用，湿地碳的循环对全球气候变化有重要意义。Maltby 和 Turner（1983）估计全球共有泥炭地面积 $3985×10^4 \mathrm{hm}^2$，每年积累碳素总量为 $985.0×10^8 \mathrm{kg}$，固定在泥炭地中的碳储量总量达 $460.0×10^{12}$ kg。我国各种类型沼泽湿地总的固碳能力为 4.91Tg C/a，不同湿地类型的固碳速率有较大的差异，其中红树林湿地的固碳速率最高，达到 444.27g C/(m^2·a)，其他沼泽湿地类型的固碳速率为 30～200g C/(m^2·a)（段晓男，2008），均高于旱地生态系统（沙漠、温带森林、草原等）碳的积累速度 [0.2～12g C/(m^2·a)]（Schlesinger，1990）。恢复湿地可以提高我国陆地生态系统的固碳潜力，其中退田还湖和退田还泽的固碳潜力分别为 30.26Gg C/a 和 0.22Gg C/a，而湿地保护工程 2005～2010 年的固碳潜力为 6.57Gg C/a。

挠力河区域的沉积速率和沉积物中 SOC 的含量见表 6-32（Bao et al.，2011），根据公式计算挠力河保护区单位面积的固碳速率（CSR）：

$$CSR=\rho×SOC×R$$

式中，ρ 为土壤容重（g/cm^3）；SOC 为土壤的碳含量（g/kg）；R 为湿地土壤的沉积速率（mm/a）。

固碳潜力（CSP）为 CSR 和面积潜力（A）的乘积：CSP=CSR×A。

计算结果表明，挠力河流域的湿地土壤平均 CSR 为 188.76g C/(m^2·a)，挠力河保护区的自然湿地面积是 6.98 万 hm^2，则保护区的湿地 CSP 为 131.68Gg C/a。挠力河保护区的湿地碳沉积速率较高，固碳潜力大，超过我国 2005～2010 年的湿地保护工程的固碳潜力之和（段晓男等，2008）。

表 6-32   挠力河湿地土壤碳沉积速率

深度/cm	有机碳含量/(g/1000g)	容重/(g/cm^3)	底界年龄(aB.P.)	沉积时间/a	厚度沉积速率/(mm/a)	碳沉积速率/[g/(m^2·a)]
0～5	138.80	0.25	3.69	3.69	13.55	460.79
5～10	158.90	0.28	14.45	10.76	4.65	207.49
10～15	148.20	0.40	29.97	15.52	3.22	188.59
15～20	57.30	0.83	61.07	31.10	1.61	76.55
20～25	28.20	0.98	194.54	133.47	0.37	10.38
平均	106.28	0.55	60.74	133.00	4.68	188.76

三、"养分库"功能

湿地具有良好的水文条件，植物生长茂盛，同时由于湿地土壤经常处于过湿状态，使生物残体难以分解，处于腐解和半腐解状态，这样在土壤中就积累了大量的养分，尤其是泥炭土，其有机质、全氮等养分含量之高是其他类型土壤所无法比拟的。当湿地处于积水或周期性泛滥的状态下时，水中的一些营养物质就会沉积在土壤表层，加入湿地土壤形成过程，增加了土壤肥力。氮元素是湿地生态系统中极其重要的生态因子，显著影响湿地生态系统的生产力，是植物的重要营养元素，是湿地生态系统的重要组成部分，在探究生物系统物质和能量循环以及多元素平衡过程中发挥着重要作用。磷是植物生长发育的必需营养元素之一，是植物体生长代谢过程不可缺少的。湿地土壤对磷的自然释放量有限，对磷酸盐具有较强的吸附能力，吸附量与土壤本身理化性质及水中磷酸盐初始质量浓度有关。土壤速效磷含量能够说明土壤磷素肥力的供应状况，反映土壤中存在的磷能为植物吸收利用的程度。磷素作为生态系统中一个重要的生命因子，在湿地中被认为是一种重要的限制性养分，湿地土壤中磷元素含量的多少直接影响湿地生态系统的生产力。湿地土壤中无机磷的存在形态及含量影响着湿地生态系统中水-陆-生物界面物质和能量的交换过程以及湿地土壤中有效磷的含量。在湿地土壤中，磷不能像 N、Fe、Mn、S 那样直接通过氧化还原而变化，而是在土壤和沉淀物中通过与其他发生氧化还原变化的元素相结合而间接发生变化。河流泛滥后，湿地土壤表面沉积物中储存的磷可比泛滥之前多出 10 倍以上。而陆地生态系统的一部分磷随水进入湿地，被湿地浮游植物所吸收。湿地土壤中磷具有无机和有机形式的溶解态和不溶态的盐。磷的无机形式主要是正磷酸，对酸碱度影响大，Fe 和 Al 的磷酸盐的水解以及阴离子交换都可促进对吸附磷的释放，磷元素的含量对于分析湿地生态功能的发挥有一定指示意义，所以也是分析土壤碳汇功能的有用指标。

挠力河保护区的有机质含量高，极差可达 325.40g/kg（表 6-33），高于三江平原其他地区湿地土壤的有机质含量（70～200g/kg）。由于湿地植物具有较高的物质生产能力，提供给土壤的碳源较为丰富，加之长期的渍水还原环境，植物物质分解缓慢，导致有机碳在湿地土壤中大量积累，并出现不同程度泥炭的累积。土壤总氮最高值可达 12.12g/kg（表 6-33），高于三江平原其他地区湿地全氮含量（2～9g/kg）。总磷含量最高达到 0.95g/kg，略低于三江平原其他地区湿地全磷含量（1.24～1.46g/kg）。

表 6-33 挠力河湿地土壤指标综合分析常规统计结果

指标	pH	有机质/（g/kg）	TN/（g/kg）	TP/（g/kg）	Hg/（mg/kg）
极差	1.13	325.40	11.28	0.71	0.02
最小值	6.19	16.50	0.84	0.24	0.01
最大值	7.32	341.90	12.12	0.95	0.03
均值	6.58	102	4.02	0.63	0.02
标准差	0.32	111.70	4.02	0.22	0.01
变异系数	0.05	1.10	1.00	0.34	0.27

挠力河保护区湿地土壤汞（Hg）含量最大值为 0.03 mg/kg，低于三江平原其他地区湿地土壤汞平均含量（0.09mg/kg），说明湿地整体情况很好，没有受到重金属汞的污染。

湿地土壤铁渍水是促进氧化铁活化的重要因素之一。土壤渍水后发生的最重要的化学反应就是氧化铁的还原，随着还原反应的进行，水溶性 Fe 浓度增加，氧化还原电位降低。当土壤溶液氧化还原电位为 120mV 时，Fe 极易被还原成为 Fe 离子，这些还原态的铁可以通过"泵升作用"（Fe pumping）迁移到氧化层，重新氧化后可形成无定形水化氧化铁，增加氧化铁的活化度。挠力河流域湿地土壤的铁含量相对较高，总铁含量最大值可达 42.60g/kg（表 6-34），游离铁含量占土壤总铁含量的 40%～45%。土壤 pH 的变化也与土壤氧化铁的活化密切相关，pH 为 4.0～6.0 时，土壤溶液中的铁大部分都为还原态；pH 为 7.0～8.0 时，随着氧化-还原潜力的降低，水溶态 Fe 就很少存在。挠力河流域土壤 pH 为 5.69～7.03，土壤属于中性，这可能也是导致游离铁含量较高的原因之一。

表 6-34 挠力河流域土壤铁含量特征描述

指标	Fe/（g/kg）	Fed/（g/kg）	Feo/（g/kg）	Fedr/（g/kg）	Feor/（g/kg）	pH
平均值	30.81	8.69	4.33	28.82	49.49	6.29
最大值	42.60	18.80	8.96	58.12	79.34	7.03
最小值	22.68	4.46	0.50	15.54	20.50	5.69
标准误差	1.26	1.13	0.66	3.77	4.12	0.09
中位数	30.98	6.53	3.60	20.86	50.80	6.28
标准差	5.03	4.51	2.62	15.08	16.50	0.37
方差	25.31	20.31	6.87	227.44	272.18	0.14

注：Fe. 总铁；Fed. 游离铁；Feo. 无定形铁；Fedr. 游离度；Feor. 活化度。

挠力河流域不同土壤类型的铁含量有所不同，其中白浆土中总铁含量最高，依次为草甸土、草甸沼泽土，沼泽土总铁含量最低。这也表明随着水文地貌条件的变化，全铁含量呈现一种有规律的变化。白浆土中游离铁含量最高，沼泽土最低。与全铁表现较为一致。沼泽土中的无定形铁含量最高，其他类型土壤无定形铁随水文地貌条件发生变化。这表明水分类型对无定形铁的影响非常明显，即水分条件好，土壤的活化程度高，无定形铁含量高（姜明，2007）。

湿地土壤水中的氧并不总是被耗尽。在湿地土壤表面的土-水界面通常有一个薄的氧化土层，有时只有几毫米厚，氧化土层中 Fe 和 Mn 氧化物的存在能吸收和保留存在于表面水中或从还原层下面扩散到表层中的磷酸盐、铜、锌、锰、钴等金属以及腐殖质等。可见，湿地土壤作为"养分库"，能够蓄留和提供养分元素，这些元素的迁移、转化与吸收是湿地生物地球化学循环的重要组成部分。湿地土壤虽未被利用，但却是一种潜在的土地资源，具有一定的战略意义。

四、"净化器"功能

湿地土壤通过沉淀作用、吸附及吸收作用、离子交换作用、氧化还原作用和分解代谢作用等途径实现其"净化器"的功能。湿地土壤中的硝酸盐化合物被反硝化过程所排除，在这个过程中，生活在缺氧湿地土壤中的细菌把硝酸盐化合物转变成为氮气分子（N_2），释放于大气中。土壤对 NOx 的净化效率可保持 90% 以上，对 NO_2 的平均净化效率也达到 50%，肥沃土壤的净化效率明显高于贫瘠土壤（都基峻等，2005），因此由于湿地土壤肥力较高，其净化效率要比其他土壤效果好。当土壤磷酸盐饱和时可释放磷，同时在外界营养物，如磷酸盐减少的情况下，湿地土壤中的营养物会被释放到上层水而向湿地外输出。湿地土壤可以减轻或消除环境中的某些有毒物质。湿地土壤有机质含有大量的络合基团，同样可以通过络合和螯合作用，与土壤中的重金属形成有机金属配合物，改变重金属的生物毒性、迁移转化规律，降低或消除毒性。

模拟研究三江平原小叶章湿地不同植物生长期、不同净化阶段、不同层次的土壤在小叶章湿地系统净化磷中所起的作用及地表水输入浓度对土壤净化磷作用的影响结果表明，在小叶章湿地系统的净化过程中，是否会产生磷在土壤中的累积因生长期和输入浓度而异。在各种因素的共同影响下，生长期对土壤净化磷的效率的影响不显著。净化前期小叶章湿地土壤的净化效率显著大于中后期，分别为 4.56mg/（kg·d）和–0.71mg/（kg·d）。土壤层次对小叶章湿地土壤净化效率的影响不显著。在小叶章湿地土壤净化磷的容量范围之内，土壤净化效率随着地表水磷输入量的增加而提高（卢伟伟等，2009）。

五、"记忆"功能

湿地土壤特别是泥炭土对湿地环境变化具有"记忆"功能。陆地生态系统和水生态系统的变化、作用方式的改变，都会在湿地中留下烙印，湿地生态系统记录着丰富的环境变化和人类活动的信息，是环境变化的敏感区和信息库。特别是沼泽湿地沉积对区域环境变化具有重要的信息和指示功能（Walsh et al.，2003；Kim，2003）。20 世纪 80 年代末以来利用泥炭地中的沉积记录，人们对历史时期的环境研究取得了一定成果，同时在泥炭沼泽孢粉解译全新世环境变化与泥炭沉积动力学方面有初步积累（柴岫，1990；孙广友，2000；吕宪国，2002），泥炭中植物硅酸体种类组合及泥炭纤维素同位素组成等指标都可用来反映环境气候变迁，在某些情况下，它能提供孢粉等化石所不能提供的资料。湿地中不同土层的铁锈斑、结核含量可以作为土壤侵蚀程度、湿地水体富营养化的指标，同时铁矿物的形态、结构、矿化物类型以及伴生矿物组合等反映了相应土壤的成土过程及其环境条件，在一定意义上，也是成土年龄和土壤形成气候特点的标志。铁锰结核内的环带状分布与土壤的干湿交替和铁锰的氧化还原特性有关，因此可以利用铁锰结核的环带特性来推测土壤氧化还原历史，证实古气候、古环境的变化。

挠力河流域湿地土壤在氧化还原交替过程中，氧化层中存在着氧化性三价铁离子而淀积在土体之中，形成棕色或红棕色的锈斑、斑纹；还原状态下，铁氧化物水化或还原为二价铁而发生淋洗，在土壤剖面上形成灰蓝-灰绿色为主的还原性底质。据此可很容易地判断出矿质土纵剖面中的氧化层和还原层。土壤中的氧化还原交替进而产生的铁锰迁移转化产生了许多氧化还原特征，而这些氧化还原特征可以作为土壤环境发生变化的特征指标。铁的氧化还原特征对水文条件变化具有重要的指示作用，湿地土壤色度为 2 的淋溶层表明在 1 年中有 30%的时间处于淹水状态。对滨海平原的土壤三年水文监测结果表明，具有氧化还原物质富集的层次淹水时间为 20%，具有氧化还原物质淋洗的层次淹水时间为 40%，整个层次均被还原淹水时间为 50%以上。

湿地土壤中的孢粉及磁化率等特征可以解译反演古气候环境变化、土壤沉积动力学及对应的植被类型，通过对挠力河流域及其周边地区湿地土壤剖面的孢粉、磁化率及有机质特征分析表明（夏玉梅，1988；杨永兴和王世岩，2003），三江平原自 12 000aB.P. 以来，主要经历了四个气候波动，不同水热气候条件导致对应的植被类型有所区别，进而影响湿地的形成与发育。

（1）12 000~9500aB.P.，本区该时段植物以小叶灌丛林为主，气温比现今低 2~3℃。但比晚更新世晚期的冰原干冷气候暖。

（2）9500~5000aB.P.，温性阔叶树大发展时期，其中 9500~7800aB.P.为榆、榛发展阶段，属增温期；8000~5000aB.P. 蒙古栎和榆再扩大，标志着本区高温期的到来。

（3）5000~2500aB.P.，针阔叶林发展时期，属于较温暖湿润气候，但是气候出现了明显的波动，出现了短期气候较冷事件。

（4）2500aB.P.至今，研究区该阶段整体呈温凉湿润的气候特点，2500～1100aB.P.，属于温冷稍湿的气候，在 1317aB.P.前后，气温出现急剧下降。在 1857～1746aB.P.（东汉时期）为冷干气候，而 1746～1287aB.P.降雨量较大，气候相对温和湿润；1100～650aB.P.，仍属冷湿气候，气温周期性波动变化，总趋势是气温下降，晚全新世最冷的时期，气候干冷。650aB.P.以来，气候呈冷干、暖湿交替的特点。

第六节　本 章 小 结

一、挠力河湿地生物多样性维持功能概况

从植物物种和栖息地-景观两个层次对物种多样性的分析结果显示，挠力河湿地植物各个群落发育良好，具有较高的生物多样性维持功能。栖息地-斑块的面积特征和形状特征都体现出栖息地的完整性、多样性、连通性，为湿地生物提供理想的繁殖和栖息生境。

二、挠力河湿地水文调节和水质净化功能概况

2016 年挠力河湿地蓄水量为 $5.1 \times 10^8 m^3$。其中，土壤蓄水量达到 $4.0 \times 10^8 m^3$，地表蓄水量达 $1.1 \times 10^8 m^3$。挠力河湿地巨大的蓄水能力，对削减洪峰和化解洪水的作用非常明显。通过对 4 个水文站年径流量的对比分析发现，挠力河湿地的调洪功能强大，是区域水安全的重要屏障。挠力河湿地对水体中的硝态氮、总氮、总磷、化学需氧量和五日生化需氧量具有一定的净化能力，天然湿地水质明显优于恢复湿地。

三、挠力河湿地气候调节功能概况

挠力河湿地气候调节功能非常显著，尤其是对局部小气候的调节非常明显。对气温的调节体现在全年日均温下降 0.89℃，整体上呈现降温作用。另外，对极端气候调节也很明显，使日最高温下降 0.61℃，最低温下降 1.07℃，使气温变化趋缓。湿地对夏季的气温调节显著，夏季最高温下降明显，最低温也有下降作用。冬季也有一定降温作用，对区域气候变化起着缓冲作用。

四、挠力河湿地土壤生态功能概况

湿地土壤环境功能是指湿地土壤在生态系统界面上维持生物生产的能力，保持与提高湿地周围环境质量，维持人类和生物健康生存的能力。具体包括湿地土壤的提供生物栖息地功能、物质"源汇"功能、养分累积功能、净化器及记忆功能等。前期研究表明，挠力河保护区所在的三江平原典型湿地土壤动物可达 5 门 12 纲 27 目 45 科；挠力河流域的湿地土壤平均固碳速率为 188.76g C/（$m^2 \cdot a$），挠力河保护区的湿地固碳潜力为 131.68Gg C/a。挠力河保护区的湿地碳沉积速率较高，固碳潜力大，超过我国 2005～2010 年的湿地保护工程的固碳潜力之和；挠力河保护区的有机质含量极差可达 325g/kg，高于三江平原其他地区；对湿地土壤剖面孢粉、磁化率及有机质特征的分析表明，挠力河

保护区所在的三江平原 12 000aB.P.以来，主要经历了四个气候波动，不同水热气候条件导致对应的植被类型有所区别，进而影响湿地的形成与发育。

参 考 文 献

柴岫. 1990. 泥炭地学. 北京: 地质出版社.

陈丝露, 赵敏, 李贤伟, 等. 2018. 柏木低效林不同改造模式优势草本植物多样性及其生态位. 生态学报, 38(1): 143-155.

程军, 韩晨. 2012. 湿地的生态功能及保护研究. 安徽农业科学, 40(18): 9851-9854.

邓伟. 2007. 湿地水空间效应. 地球科学进展, 22(7): 725-729.

都基峻, 季学李, 羌宁. 2005. 土壤过滤净化氮氧化物实验研究. 环境工程, 23(1): 48-50.

段晓男, 王效科, 逯非, 等. 2008. 中国湿地生态系统固碳现状和潜力. 生态学报, 28(2): 463-469.

方松林, 曹盼宫. 2017. 折流式人工湿地对矿区降雨径流的净化研究. 水土保持研究, 24(5): 126-131.

傅伯杰, 陈利顶, 马克明, 等. 2011. 景观生态学原理及应用. 北京: 科学出版社.

国家环境保护总局《水和废水监测分析方法》编委会. 2002. 水和废水监测分析方法(第四版增补版). 北京: 中国环境科学出版社.

纪鹏, 朱春阳, 盛云燕. 2017. 不同形状城市湿地对周边环境温湿度的影响. 应用生态学报, 28(10): 3385-3392.

姜明. 2007. 三江平原湿地土壤铁迁移转化过程及其环境指征. 中国科学院研究生院博士学位论文.

李子富, 吴丰富, 姜楠, 等. 2011. 人工湿地技术研究进展. 中国科技成果, 8: 44-46.

林波. 2013. 三江平原挠力河流域湿地生态系统水文过程模拟研究. 北京林业大学博士学位论文.

刘贵花. 2013. 三江平原挠力河流域水文要素变化特征及其影响研究. 中国科学院大学博士学位论文.

刘双, 谢正辉, 曾毓金, 等. 2018. 人为扰动对陆面水分能量的影响——以汾水河流域为例. 气候与环境研究, 23(6): 683-701.

刘正茂. 2012. 近 50 年来挠力河流域径流演变及驱动机制研究. 东北师范大学博士学位论文.

卢伟伟, 姜明, 吕宪国, 等. 2009. 小叶章湿地土壤对磷的净化效率模拟. 生态学杂志, 28(10): 1986-1990.

吕宪国. 2002. 湿地科学研究进展及研究方向. 中国科学院院刊, 17(3): 170-172.

毛旭锋, 魏晓燕, 陈琼, 等. 2019. 基于 ECPS 模型的青海湟水国家湿地公园湿地恢复评估. 地理研究, 38(4): 760-771.

宋晓林. 2012. 1950s 以来挠力河流域径流特征变化及其影响因素. 中国科学院大学博士学位论文.

孙广友. 2000. 中国湿地科学的进展与展望. 地球科学进展, 15(6): 666-672.

王丽, 杨涛杜, 红霞, 等. 2018. 不同水位梯度下拉鲁湿地典型湿草甸植物群落特征. 植物资源与环境学报, 27(1): 11-16.

王显金, 钟昌标. 2017. 沿海滩涂围垦生态补偿标准构建——基于能值拓展模型衡量的生态外溢价值. 自然资源学报, 32(5): 742-754.

邬建国. 2007. 景观生态学——格局、过程、尺度与等级. 北京: 高等教育出版社.

吴倩倩, 梁宗锁, 刘佳佳, 等. 2017. 中国生境片段化对生物多样性影响研究进展. 生态学杂志, 36(9): 2605-2614.

武海涛, 吕宪国, 姜明, 等. 2008. 三江平原典型湿地土壤动物群落结构及季节变化. 湿地科学, 6(4): 459-466.

郗敏, 刘红玉, 吕宪国. 2006. 流域湿地水质净化功能研究进展. 水科学进展, 17(4): 566-574.

夏玉梅. 1988. 三江平原 12 000 年以来植物群发展和气候变化的初步研究. 地理科学, 8(3): 241-248.

杨永兴, 王世岩. 2003. 8.0 kaB.P.以来三江平原北部沼泽发育和古环境演变研究. 地理科学, 23(1): 32-

38.

张彪, 史芸婷, 李庆旭. 2017. 北京湿地生态系统重要服务功能及其价值评估. 自然资源学报, 32(8): 1311-1324.

赵欣胜, 崔丽娟, 李伟, 等. 2016. 吉林省湿地调蓄洪水功能分析及其价值评估. 水资源保护, 32(4): 27-33.

中国科学院长春地理研究所. 1988. 中国沼泽研究. 北京: 科学出版社.

Bao J S, Zhao H M, Xing W, et al. 2011. Carbon Accumulation in Temperate Wetlands of Sanjiang Plain, Northeast China. Soil Science Society of America Journal, 75(6): 2386-2398.

Boyer A, Ning P, Killey D, et al. 2018. Strontium adsorption and desorption in wetlands: Role of organic matter functional groups and environmental implications.Water Research, 133: 27-36.

Gomez-Baggethun E, Tudor M, Dorofte M. 2019. Changes in ecosystem services from wetland loss and restoration: An ecosystem assessment of the Danube Delta (1960–2010). Ecosystem Services, 39: 965-999.

Kim J G. 2003. Response of sediment chemistry and accumulation rates to recent environmental changes in the Clear Lake Watershed. Wetlands, 23(1): 95-103.

Li H Y, Xu S G, Ma T. 2012. Cold-humid effect of Baiyangdian wetland. Water Science and Engineering, 5(1): 1-10.

Liu Z M, Lu X G, Sun Y H, et al. 2012. Hydrological Evolution of Wetland in Naoli River Basin and its Driving Mechanism. Water Resources Management, 26(6): 1455-1475.

Maltby E, Turner P J. 1983. Wetlands of the World. Geographic Magazine, 55: 12-17.

Schlesinger W H. 1990. Evidence from chronosequence studies for a low carbon-storage potential of soils. Nature, 348: 232-234.

Walsh S E, Soranno P A, Rutledge D T. 2003. Lakes, Wetlands, and Streams as Predictors of Land Use/Cover Distribution. Environmental Management, 31(2): 198-214.

Woldemariam W, Mekonnen T, Morrison K, et al. 2018. Assessment of wetland flora and avifauna species diversity in Kafa Zone, Southwestern Ethiopia[J]. Journal of Asia-Pacific Biodiversity, 11(4): 494-502.

第七章　挠力河保护区保护对策与建议

一、加强生物多样性保护与监测

挠力河保护区位于三江平原腹地，分布着最为典型的沼泽及河流湿地，生物多样性丰富。据野外调查和查阅相关资料，保护区记录有脊椎动物 398 种，包括兽类 52 种，鸟类 248 种，爬行类 13 种，两栖类 10 种，鱼类 73 种，七鳃鳗类 2 种。濒危种类较多，数量大。尤其是候鸟中夏候鸟、旅鸟栖息繁衍数量大；包括黑鹳、东方白鹳、丹顶鹤、白尾海雕等国家一级保护动物 7 种，白琵鹭、大天鹅、白额雁、鸳鸯等国家二级保护动物 44 种。2015～2019 年连续 6 年挠力河保护区每年出现 500～700 只东方白鹳、白琵鹭、小天鹅等候鸟大型集群现象，2019 年观测到丹顶鹤 150 只，其中最大集群 80 只。

保护区国家重点保护兽类有猞猁、水獭、雪兔、麝鼠。由于流域水资源丰富，还盛产多种鱼类，如挠力河特产红肚鲫鱼、花鳅等。但由于过度捕捞及不合理的水利工程，挠力河中的红肚鲫鱼已不多见。

挠力河流域植物区系组成隶属长白植物区系，植被组成属温带针阔叶混交林区。本次调查共有野生维管植物 56 科 223 种。物种的多样性是遗传多样性和生态系统多样性的基础。因此，物种的多少可以表示某区域的植物多样性。种的密度即单位面积的种数，常常作为不同地区间种的丰富程度的比较单位。本区植物密度为 0.14 个/km^2；这个数字超过全国维管植物密度（0.0028 种/ km^2）50 余倍（郎惠卿，1999），本区湿地植物具有非常高的丰富度，作为我国湿地生物多样性的"关键地区"是当之无愧的。

但由于粮食生产及城镇发展的需求，三江平原大面积湿地被开垦为农田，挠力河保护区也经历了大面积的湿地破坏过程，1954～2015 年，研究区沼泽湿地共计减少 43 万 hm^2。2002 年成立国家级保护区后，由于湿地保护政策和法规的出台，湿地开垦得到有效遏制。但目前保护区核心区及缓冲区还有大面积耕地及村屯存在，人类活动频繁，农田排水及地下水抽取造成湿地水资源相对不足，均对湿地生物多样性保护带来一定的威胁。保护区需要进一步加强生物多样性保护力度，严格执法，加大宣传，使湿地生物多样性得到有效保护。在核心区开展退耕还湿，合理调配水资源及控制水位，打造适宜于不同湿地动植物、具有景观异质性的生物栖息地，构建湿地生态廊道与完整的湿地生态系统结构，维持湿地生态系统稳定性。

挠力河保护区是东方白鹳、丹顶鹤等珍稀濒危水鸟的重要栖息与繁殖地，需要定期开展栖息地质量及水鸟种群变化的同步监测，开展人工招引巢位等繁殖环境构建技术研发，开展食源地生态效益补偿等措施，促进保护区水鸟多样性的科学保护。

二、加强地表流域水资源管理

湿地不仅是重要的水源，而且还是流域水循环及伴生过程的重要调节器，对维系流域整体水安全乃至生态安全都具有不可替代的作用。因此，根据湿地空间分布及水源特征，将湿地作为较为优先的用水单元，纳入到水资源流域整体配置中，保障湿地生态用水。挠力河流域水资源统一规划应该通过外调水、本地地表水和地下水联合调控的方式，实现流域水资源的合理规划；各用水户的供水顺序依次为：生活、生态、工业和农业，即流域水资源依次优先保证生活需水、生态需水和工业需水，多余水量供给农业；水资源管理规划为湿地供水的顺序依次为本地地表水和外调水；地方与农场、流域上中下游要统筹兼顾，满足流域湿地生态环境对水资源的需求。

虽然洪水易对人类生命和财产造成威胁和损失，但如果洪水能够得到合理利用，如恢复洪泛湿地、补给地下水等，将是极为有利的水资源。修建水库、筑坝拦水在一定范围内对防治洪水、有效管理水资源起到很大的作用。挠力河流域内虽然水库库容有限且控制的流域面积不大，但仍可以充分利用大型、中型水库跨年调节的特点，对一部分洪水资源进行拦蓄，用于农业灌溉和湿地补水。面向湿地生态需水的流域水库群优化调度是实现流域水资源有效管理的急需解决的难题，也是保障流域生态健康发展的重要手段。目前黑龙江省正在实施三江连通重大水利工程，将通过由黑龙江引水入松花江，再由松花江引水经挠力河入乌苏里江，实现黑龙江、松花江和乌苏里江三江连通，工程实施后，可从黑龙江和松花江年引调水 49 亿 m^3，为挠力河保护区及周边的三环泡保护区、大佳河保护区等保护地的生态用水提供有效保障，缓解生态与农业用水的矛盾。

在保障水资源的同时，也要高度重视农田退水的面源污染问题，避免农田退水的氮、磷营养物造成湿地富营养化。一方面要科学指导农业化肥农药的施用量和施用时间，鼓励农民使用有机肥和降解速度快的农药，从源头上减少农药化肥的施用。建立生态化的排水沟渠和人工湿地，在农田退水进入天然湿地前进行沉淀和净化。利用人工湿地生态系统中物理、化学和生物作用机制，通过其内部种植的植物拦截、滞留、吸收随农田退水流失的氮、磷元素，实现生态拦截氮、磷元素，在一定程度上降低水中氮、磷浓度。

三、加强地下水管控

目前，挠力河流域共有耕地面积 2040 万亩（2013 年），其中旱田 1410 万亩，水田 630 万亩，每年产粮约 206 万 t，商品率 80% 以上，在保障国家粮食安全方面作出了巨大贡献。但由于不断加大"旱改水"的面积，流域水田面积不断扩大，空间分布相对集中。1990～2002 年，挠力河流域水田相对面积比例由 1990 年的 8.30% 上升至 2002 年的 20.53%；2002～2013 年，旱地面积比例由 44.57% 下降为 42.24%，水田继续保持增长趋势，但增长速度明显放缓，面积比例在 2002 年的面积基础上升了 2.78%（李娜等，2016）。由于水田面积增加，导致局部地区灌溉需水量大，造成挠力河流域的地下水位发生明显下降。其中创业农场的地下水多年月平均下降幅度较大，达 0.6m/a，而八五三农场平均埋深最大，且年内变幅达 13.9m，说明该区的地下水开采量很大，应该采取科学措施，遏制地下水位下降。

挠力河流域水资源空间年内、年际降雨量分布不均，因此应根据不同时期的水量特点制定有效的井渠结合灌溉制度，提高灌溉水利用效率，减少对湿地生态用水的侵占。具体措施可以包括：年度内在汛期实施引洪补源和拦蓄地表径流的措施，即在汛期加大引洪灌溉力度，达到回补地下水的目的。回补方式以引洪田面灌溉为主，渠道蓄存下渗和坑塘洼地回补为辅。同时，要充分拦蓄并利用本地区的降雨径流；在枯水期可以利用井水灌溉。在丰水年则需要将超采的部分补足，实现多年均衡调节。同时利用三江连通工程，未来可实现地表水置换地下水灌溉面积 1400 万亩，有效缓解地下水下降的趋势。

流域含水层可以视为地下水水库，从长时间序列考虑地下水水库的调节特点，根据以丰补歉的原则合理利用地下水，允许在枯水年份地下水开采量适量超过多年平均年可开采量。因此，需要定量评估洪水资源对挠力河地下水的补给量，为地下水水库丰枯调剂功能发挥、应对旱灾地下水开采提供科学依据及决策支持。

优化水田的空间种植结构和加强农业节水研究。根据水资源的供给能力，合理优化水田的空间分布格局，提高水土资源空间匹配程度，协调好生产、生活及生态用水关系。研发节水技术，提高地下水资源利用效率。目前挠力河流域的水田灌溉定额为 425m³/亩，仅水田灌溉用水平均每年就达 26.8 亿 m³，远超现状流域水资源的可利用量。因此，为解决挠力河流域农业和湿地争水问题，必须加强农业灌溉节水技术研发和推广，建立有效的灌溉节约用水管理体制，以达到水资源的合理分配和高效利用。其主要措施包括：积极引进国外灌溉节水技术，结合流域水田灌溉特点，研究出适用于挠力河流域的节水灌溉技术体系，降低水田灌溉定额；加强各级政府、各相关部门的宏观调控和指导，确保用水、节水工作顺利进行；制定相应的水价政策并合理改革水价，以实现利用经济杠杆来引导节水灌溉行为；制定合理用水标准，加强节水监督管理；建立节水机制与节水法规体系，将总量控制和定额管理相结合。

四、科学开展湿地资源的保护与恢复

保护区管理局自 2014 年起，率先在全国开展首批退耕还湿试点的准备工作。在国家退耕还湿补助政策的支持下，保护区 2014～2018 年完成退耕还湿任务 75 060 亩。但目前保护区范围内还有大量的耕地及村屯，因此给日常管护带来一定的困难。要加强湿地保护管理，加大对破坏湿地违法违规事件的查处，避免蚕食及边修复边破坏现象的发生，从而达到生态恢复的质量和效果。积极开展退耕还湿，要坚持科学规划、因地制宜、突出重点、分类实施，细化湿地修复实施方案，强化修复成效，以核心区及缓冲区耕地为重点开展退耕还湿，避免湿地恢复"碎片"化。

挠力河保护区在 2002 年 7 月进入国家级保护区系列，但还没有纳入国际重要湿地，可以通过国家林草局推荐，进入国际重要湿地系列。目前我国已经有 57 块湿地纳入国际重要湿地，挠力河保护区进入国际重要湿地，可大大提升保护区的国内外知名度，也有利于湿地资源的有效保护。

自挠力河上游到下游，依次分布有黑龙江七星河国家级保护区、东升省级保护区、三环泡国家级保护区、富锦国家湿地公园、大佳河省级保护区等保护地体系，因此需要以流域为单元，加强不同保护区之间的交流合作，开展联合共管与联网监测。我国目前正在建设以国家公园为主体的保护地体系，因此未来可以考虑以挠力河保护区为核心，将不同保护地体系有效整合，构建以挠力河流域为单元的国家公园。

五、适度开展湿地资源可持续利用，合理发展生态旅游

在"全面保护、科学恢复、合理利用、持续发展"的原则下，在不破坏湿地的前提下，保护区可以考虑在退耕还湿地及实验区开展湿地资源的可持续利用技术研发与模式示范。在退耕还湿地可以种植湿地蜜源植物、能源植物、景观植物等，一方面通过湿地植物栽培，有效恢复湿地；另一方面可以增加湿地管理者的收入，缓解由于退耕还湿资金不足，而导致湿地恢复难以开展。

1. 蜜源植物栽培

湿地蜜源植物种植可以选择产蜜量较大的本地湿地物种，可选物种主要有毛水苏、柳兰、大苞萱草、薄荷、藿香、紫花苜蓿、紫菀、长尾婆婆纳、山里红、绣线菊和落新妇等。退耕还湿地需要进行初步整理，通过拆除部分退耕地块私自筑起的堤坝，进行土地整理、栖息地修复、水系连通、清淤疏浚等措施，保证湿地水文条件和栖息地条件。定期针对恢复湿地土壤、植被等生态要素进行监测，动态观测各蜜源植物成活及生长状况，观察蜜蜂访花频率和单花停留时间，检测蜂蜜品质。本模式已经在挠力河流域进行示范推广，监测结果表明：毛水苏属于多年生植物，既能通过种子进行有性繁殖，又能进行无性繁殖，调查发现，毛水苏恢复两年后，每平方米内新生植株 23 株，说明毛水苏种植一年后已经可以自我繁殖更新。益母草种植当年不能开花结实；恢复两年后开始开花结实，且种子产量也很高，平均每株 722 粒。综合成活率、植株生长状况、开花状况和蜜蜂访问时间等指标，选择毛水苏、益母草及薄荷等植物进行蜜源植物恢复应该更适宜。对毛水苏、益母草蜂蜜的含水量、不同糖分及含量、酸度、羟甲基糠醛、淀粉酶值及灰分含量等指标进行检测，均符合《中华人民共和国供销合作行业标准》（GH/T 18796—2012 蜂蜜），属于蜂蜜中的一级品。铅、大肠菌群、霉菌、嗜渗酵母等的含量均低于国标规定的值，且未检出沙门氏菌、志贺菌、金黄色葡萄球菌，符合《中华人民共和国国家标准》（GB 14963—2011）。可见，退耕地产蜂蜜安全可靠，且品质很好，对于当地发展高端生态有机农业有很好的借鉴意义。

根据毛水苏的蜂蜜含量测算，1 亩毛水苏可供 1～2 箱蜜蜂采集花蜜，每箱蜜蜂的产蜜量为 50～100kg，因此 1 亩毛水苏的产蜜量为 50～200kg。以 40 元/kg 计算，则每亩毛水苏的收益至少为 2000 元，同等面积的毛水苏经济效益是大豆的 2 倍以上。挠力河流域下游的饶河地区是我国东北黑蜂主要产区，黑蜂产业也是本地区的支柱产业，发展退耕地蜜源植物栽培，将为黑蜂产业发展提供蜜源基地，也为开展退耕还湿的替代产业提供了新的发展思路。

2. 能源植物栽培

挠力河保护区范围内还有大量的耕地，但由于缺少资金不能进行退耕还湿工作。可通过种植湿地植物用以提供生物质能源，获取一定的经济效益，弥补退耕还湿资金的不

足，同时使湿地生态系统得以恢复，增加了湿地碳汇和物种多样性。在能源植物的选择上，要选择耐水淹能力强及生物量大的湿地柳树进行栽培及自然繁育。

挠力河保护区已经委托中国科学院东北地理与农业生态研究所，以杞柳、新柳、垂暴、竹柳和紫穗槐等树种为发展对象，以栽根和扦插两种方式，采用不同栽培间距，开展了退耕地的植被恢复及监测工作。根据不同树种的水分需求特征在不同地势条件下配置相应的树种，最大限度地降低自然条件对植物的影响。同时考虑不同树种在养分竞争、生长速度、抗逆性等方面的差异，采用混交林发展模式，大大提高了退耕地能源林建设速度和成效。通过开展湿地能源树种种植，实现了经济效益与生态效益双赢，促进保护区周边社区产业结构调整与优化，为退耕还湿种植户提供大量的就业机会，有利于社会的稳定。以栽根模式为例，能源树种种植一年后每亩收获干物质 0.367t，以 350 元/t 为例，恢复一年后每亩的效益为 0.367t×350 元/t=128.45 元。随着植物的不断生长和生物量的增加，恢复三年后每亩即可收获干物质约 1.2t，每亩的平均收益可达 400 元。由于是重复收割，不再产生栽种成本，仅仅是较低的收割成本，因此未来的经济效益显著。

在种植过程中，严格执行不施肥和喷洒农药，不进行人工除草，在收获能源植物的同时，对于区域物种多样性保护、增加碳汇和改善气候等有显著作用。调查发现，退耕地恢复一年后，物种多样性显著提高，出现伴生植物 24 种，隶属于 13 科 20 属，包括毛水苏、千屈菜、芦苇、春蓼、刺儿菜、驴蹄草、北方拉拉藤等典型湿地植物。监测结果还显示退耕还湿地土壤有机碳含量有所升高，改善了土壤结构，增加了土壤生物多样性。通过对退耕还湿地能源植物种植，不仅提高了当地居民的收入，还使湿地的生态环境得到有效改善，形成水域、滩涂、乔灌林、草地等多种生境，促进了湿地生态系统的稳定性，真正实现了经济效益、社会效益及生态效益的共赢。

3. 稻、苇、鱼湿地生态工程模式

在保护区的试验区及退耕还湿地可适度开展稻、苇、鱼/蟹复合生态模式。稻、苇、鱼复合生态模式既有种植业，又有养殖业，各亚系统在用水时间、空间和数量上的差异可以实现水资源的综合利用和循环利用。该系统可以节约水资源，鱼与蟹的排泄物等还可以为芦苇、水稻生长提供肥料。苇田具有净化水质的功能，可为稻田提供无污染、无毒的灌溉水源。与自然沼泽一样，也可起到调节河川径流、均化河川径流年内分配的作用。从调节气候而言，按芦苇蒸腾系数，生产 1t 芦苇要蒸腾 700t 水，若用芦苇平均产量计，系统每年芦苇蒸腾的水分至少有 206.8 万 t，实测增加近地层空气相对湿度 4%～8%。因此，在挠力河保护区及其周边流域开展芦苇资源保护及培育，实施低产苇田改良，建立芦苇生产基地或稻、苇、鱼复合生态模式对于保持自然湿地的蓄水调洪、调节气候、净化环境等功能，保护生物多样性，实现经济、社会与生态效益的统一具有重要意义。

4. 合理发展湿地生态旅游

湿地生态旅游是以湿地生态资源为基础，以保护湿地环境为前提，以湿地生态系统独特的生境特征吸引游客，满足游客体验高品质自然景观、亲近自然、回归自然的愿望，

同时具有强烈的环境保护意识和环境教育功能，在保护、恢复湿地资源的同时为地方经济、社会发展作出突出贡献。

挠力河河道蜿蜒曲折，河谷开阔，水流平缓，近岸水草丰茂，间有沼泽湿地，是唯一的温水型河流。沼泽湿地有秀美的原始湿地景观和众多的珍稀水禽，同时挠力河保护区保留了本区原始湿地生态系统的完整性与原真性，具有观赏珍稀动植物的良好条件。本区具有独特和丰富的旅游资源，已经有雁窝岛和千鸟湖等旅游景点，但旅游资源优势尚未得到充分发挥，旅游的布点及线路安排不科学；现有的旅游设施安排没有严格执行保护区管理相关规定，在核心区及缓冲区布置旅游景点，一些工程项目缺少环保规划等审批手续，导致现有的旅游发展受到限制，一直未能形成较好的规模经济。未来要在全面保护的前提下，合理发展生态旅游，科学做好旅游规划设计，加强旅游景区、景点和交通建设，坚持有限开放，坚持生态有序。除了开展湿地景观旅游，还可以开展与湿地相关的体验活动及高端商务产品开发，包括体验赫哲文化、游览现代生态农业园，开展夏令营科普宣教、夏令营学术交流、夏令营拓展训练、夏令营励志教育、夏令营科技探索等。高端商务产品体系开发项目可以包括国际湿地论坛、国际湿地博览会、国际生态峰会、国际湿地科考、国际、国内湿地文化节、观鸟节等。

六、加强宣传及社区共建，提高公众湿地保护意识

湿地生态保护是全人类的事业，只有最大限度地动员全社会的参与才能发展湿地生态环境保护事业。挠力河保护区已经利用"世界野生动植物日""世界湿地日""爱鸟周""黑龙江省湿地宣传月""黑龙江省湿地宣传日"等活动契机，通过多种形式，多措并举，广泛开展了保护湿地、野生动植物等生态资源的活动，参与人群逐年增加，受众面逐步扩大，初步形成了保护湿地、尊重自然的良好氛围。

虽然公众意识有所提高，但受到高额利益的诱惑，零星开垦湿地、盗猎野生动物现象还时有发生。灌溉农业对湿地水资源的掠夺性开发利用，导致下游湿地水资源严重不足，其根本原因是对湿地水资源的价值和重要性认识不足。需要进一步加强多种形式的湿地保护宣传教育活动，加强公众参与意识，提高全社会对湿地功能的认识和公众的湿地保护意识，才能有效地保护和管理好湿地资源。

参 考 文 献

郎惠卿. 1999. 中国湿地植被. 北京: 科学出版社.

李娜, 雷国平, 张慧, 等. 2016. 水田化进程下挠力河流域耕地时空变化特征. 水土保持研究, 23(5): 63-69.

附　　表

附表 1　黑龙江挠力河国家级自然保护区维管植物名录

门	纲	科	种	拉丁学名
蕨类植物门	真蕨纲	木贼科 Equisetaceae	问荆	*Equisetum arvense*
			溪木贼	*Equisetum fluviatile*
			木贼	*Equisetum hyemale*
		苹科 Marsileaceae	苹	*Marsilea quadrifolia*
	薄囊蕨纲	槐叶苹科 Salviniaceae	槐叶苹	*Salvinia natans*
被子植物门	双子叶植物纲	杨柳科 Salicaceae	山杨	*Populus davidiana*
			越桔柳	*Salix myrtilloides*
			细叶沼柳	*Salix rosmarinifolia*
			沼柳	*Salix rosmarinifolia* var. *brachypoda*
			蒿柳	*Salix viminalis*
		桦木科 Betulaceae	辽东桤木	*Alnus sibirica* *Alnus hirsuta*
			东北桤木	*Alnus mandshurica*
			白桦	*Betula platyphylla*
			柴桦	*Betula fruticosa*
			扇叶桦	*Betula middendorffii*
		桑科 Moraceae	葎草	*Humulus scandens*
		蓼科 Polygonaceae	水蓼	*Polygonum hydropiper*
			两栖蓼	*Polygonum amphibium*
			红蓼	*Polygonum orientale*
			春蓼	*Polygonum persicaria*
			杠板归	*Polygonum perfoliatum*
			戟叶蓼	*Polygonum thunbergii*
			糙毛蓼	*Polygonum strigosum*
			酸模	*Rumex acetosa*
			巴天酸模	*Rumex patientia*
		石竹科 Caryophyllaceae	缒瓣繁缕	*Stellaria radians*
			繁缕	*Stellaria media*
			鸡肠繁缕	*Stellaria neglecta*
			叶苞繁缕	*Stellaria crassifolia* var. *linearis*
			长叶繁缕	*Stellaria longifolia*
			细叶繁缕	*Stellaria filicaulis*
			沼生繁缕	*Stellaria palustris*

续表

门	纲	科	种	拉丁学名
被子植物门	双子叶植物纲	毛茛科 Ranunculaceae	二歧银莲花	*Anemone dichotoma*
			白花驴蹄草	*Caltha natans*
			驴蹄草	*Caltha palustris* var. *sibirica*
			沼地毛茛	*Ranunculus radicans*
			欧洲唐松草	*Thalictrum aquilegifolium* var. *sibiricum*
			箭头唐松草	*Thalictrum simplex*
			金莲花	*Trollius chinensis*
			宽瓣金莲花	*Trollius asiaticus*
			短瓣金莲花	*Trollius ledebouri*
		睡莲科 Nymphaeaceae	芡实	*Euryale ferox*
			莲	*Nelumbo nucifera*
			睡莲	*Nymphaea tetragona*
		金鱼藻科 Ceratophyllaceae	金鱼藻	*Ceratophyllum demersum*
		金丝桃科 Hypericaceae	赶山鞭	*Hypericum attenuatum*
			红花金丝桃	*Triadenum japonicum*
		十字花科 Cruciferae	白花碎米荠	*Cardamine leucantha*
			风花菜	*Rorippa globosa*
			沼生葶菜	*Rorippa islandica*
		虎耳草科 Saxifragaceae	梅花草	*Parnassia palustris*
			扯根菜	*Penthorum chinense*
		蔷薇科 Rosaceae	珍珠梅	*Sorbaria sorbifolia*
			绣线菊	*Spiraea salicifolia*
			东北沼委陵菜	*Comarum palustre*
			蚊子草	*Filipendula palmata*
			路边青	*Geum aleppicum*
			三叶委陵菜	*Potentilla freyniana*
			莓叶委陵菜	*Potentilla fragarioides*
			大白花地榆	*Sanguisorba stipulata*
			小白花地榆	*Sanguisorba tenuifolia* var. *alba*
			地榆	*Sanguisorba officinalis*
			细叶地榆	*Sanguisorba tenuifolia*
		豆科 Leguminosae	野大豆	*Glycine soja*
			欧山黧豆	*Lathyrus palustris*
			山黧豆	*Lathyrus quinquenervius*
			三脉山黧豆	*Lathyrus komarovii*
			矮山黧豆	*Lathyrus humilis*
			白车轴草	*Trifolium repens*
			黑龙江野豌豆	*Vicia amurensis*
			山野豌豆	*Vicia amoena*

续表

门	纲	科	种	拉丁学名
被子植物门	双子叶植物纲	豆科 Leguminosae	广布野豌豆	*Vicia cracca*
		牻牛儿苗科 Geraniaceae	毛蕊老鹳草	*Geranium platyanthum*
			灰背老鹳草	*Geranium wlassowianum*
			老鹳草	*Geranium wilfordii*
		大戟科 Euphorbiaceae	林大戟	*Euphorbia lucorum*
		堇菜科 Violaceae	额穆尔堇菜	*Viola amurica*
			堇菜	*Viola verecunda*
			白花堇菜	*Viola lactiflora*
		葫芦科 Cucurbitaceae	盒子草	*Actinostemma tenerum*
		千屈菜科 Lythraceae	千屈菜	*Lythrum salicaria*
		菱科 Trapaceae	东北菱	*Trapa manshurica*
			欧菱	*Trapa natans*
		柳叶菜科 Onagraceae	柳兰	*Chamerion angustifolium*
			柳叶菜	*Epilobium hirsutum*
			沼生柳叶菜	*Epilobium palustre*
		小二仙草科 Haloragidaceae	穗状狐尾藻	*Myriophyllum spicatum*
			狐尾藻	*Myriophyllum verticillatum*
			乌苏里狐尾藻	*Myriophyllum ussuriense*
		杉叶藻科 Hippuridaceae	杉叶藻	*Hippuris vulgaris*
		伞形科 Umbelliferae	白芷	*Angelica dahurica*
			毒芹	*Cicuta virosa*
			柳叶芹	*Czernaevia laevigata*
			水芹	*Oenanthe javanica*
			泽芹	*Sium suave*
		报春花科 Primulaceae	东北点地梅	*Androsace filiformis*
			黄连花	*Lysimachia davurica*
			球尾花	*Lysimachia thyrsiflora*
		睡菜科 Menyanthaceae	睡菜	*Menyanthes trifoliata*
			荇菜	*Nymphoides peltata*
		茜草科 Rubiaceae	沼猪殃殃	*Galium uliginosum*
			北方拉拉藤	*Galium boreale*
			蓬子菜	*Galium verum*
			茜草	*Rubia cordifolia*
		旋花科 Convolvulaceae	打碗花	*Calystegia hederacea*
		水马齿科 Callitrichaceae	沼生水马齿	*Callitriche palustris*
		唇形科 Labiatae	地笋	*Lycopus lucidus*
			并头黄芩	*Scutellaria scordifolia*
			毛水苏	*Stachys baicalensis*
			华水苏	*Stachys chinensis*

续表

门	纲	科	种	拉丁学名
被子植物门	双子叶植物纲	茄科 Solanaceae	龙葵	*Solanum nigrum*
		玄参科 Scrophulariaceae	野苏子	*Pedicularis grandiflora*
		狸藻科 Lentibulariaceae	狸藻	*Utricularia vulgaris*
		车前科 Plantaginaceae	车前	*Plantago asiatica*
			平车前	*Plantago depressa*
			东北穗花	*Pseudolysimachion rotundum* subsp. *subintegrum*
			兔儿尾苗	*Pseudolysimachion longifolium*
		败酱科 Valerianaceae	败酱	*Patrinia scabiosaefolia*
		菊科 Compositae	鬼针草	*Bidens pilosa*
			狼杷草	*Bidens tripartita*
			苍耳	*Xanthium sibiricum*
			蓍	*Achillea millefolium*
			圆苞紫菀	*Aster maackii*
			黄花蒿	*Artemisia annua*
			猪毛蒿	*Artemisia scoparia*
			蒌蒿	*Artemisia selengensis*
			艾	*Artemisia argyi*
			宽叶蒿	*Artemisia latifolia*
			柳叶蒿	*Artemisia integrifolia*
			狗舌草	*Tephroseris kirilowii*
			兔儿伞	*Syneilesis aconitifolia*
			牛蒡	*Arctium lappa*
			野蓟	*Cirsium maackii*
			刺儿菜	*Cirsium arvense* var. *integrifolium*
			烟管蓟	*Cirsium pendulum*
			齿苞风毛菊	*Saussurea odontolepis*
			龙江风毛菊	*Saussurea amurensis*
			全光菊	*Hololeion maximowiczii*
			东北蒲公英	*Taraxacum ohwianum*
			旋覆花	*Inula japonica*
			小蓬草	*Erigeron canadensis*
		藜科 Chenopodiaceae	灰绿藜	*Chenopodium glaucum*
	单子叶植物纲	泽泻科 Alismataceae	泽泻	*Alisma plantago-aquatica*
			野慈姑	*Sagittaria trifolia*
			浮叶慈姑	*Sagittaria natans*
		水鳖科 Hydrocharitaceae	龙舌草	*Ottelia alismoides*
			苦草	*Vallisneria natans*

门	纲	科	种	拉丁学名
被子植物门	单子叶植物纲	眼子菜科 Potamogetonaceae	眼子菜	*Potamogeton distinctus*
			穿叶眼子菜	*Potamogeton perfoliatus*
			竹叶眼子菜	*Potamogeton malaianus*
			光叶眼子菜	*Potamogeton lucens*
			菹草	*Potamogeton crispus*
		茨藻科 Najadaceae	小茨藻	*Najas minor*
		百合科 Liliaceae	薤白	*Allium macrostemon*
			舞鹤草	*Maianthemum bifolium*
			小黄花菜	*Hemerocallis minor*
		雨久花科 Pontederiaceae	雨久花	*Monochoria korsakowii*
			鸭舌草	*Monochoria vaginalis*
		鸢尾科 Iridaceae	马蔺	*Iris lactea*
			燕子花	*Iris laevigata*
			玉蝉花	*Iris ensata*
		灯心草科 Juncaceae	灯心草	*Juncus effusus*
			长苞灯心草	*Juncus leucomelas*
			小灯心草	*Juncus bufonius*
		鸭跖草科 Commelinaceae	鸭跖草	*Commelina communis*
		谷精草科 Eriocaulaceae	长苞谷精草	*Eriocaulon decemflorum*
		禾本科 Gramineae	芦苇	*Phragmites australis*
			菰	*Zizania latifolia*
			芒剪股颖	*Agrostis trinii*
			看麦娘	*Alopecurus aequalis*
			大看麦娘	*Alopecurus pratensis*
			拂子茅	*Calamagrostis epigeios*
			假苇拂子茅	*Calamagrostis pseudophragmites*
			兴安野青茅	*Deyeuxia korotkyi*
			小叶章	*Deyeuxia angustifolia*
			大叶章	*Deyeuxia purpurea*
			狭叶甜茅	*Glyceria spiculosa*
			东北甜茅	*Glyceria triflora*
			早熟禾	*Poa annua*
			荩草	*Arthraxon hispidus*
			牛鞭草	*Hemarthria sibirica*
			荻	*Miscanthus sacchariflorus*
			马唐	*Digitaria sanguinalis*
			稗	*Echinochloa crusgalli*
			狼尾草	*Pennisetum alopecuroides*

续表

门	纲	科	种	拉丁学名
被子植物门	单子叶植物纲	禾本科 Gramineae	狗尾草	*Setaria viridis*
			金色狗尾草	*Setaria glauca*
			茵草	*Beckmannia syzigachne*
		天南星科 Araceae	菖蒲	*Acorus calamus*
		浮萍科 Lemnaceae	品藻	*Lemna trisulca*
			浮萍	*Lemna minor*
			紫萍	*Spirodela polyrrhiza*
		黑三棱科 Sparganiaceae	狭叶黑三棱	*Sparganium stenophyllum*
			小黑三棱	*Sparganium emersum*
		香蒲科 Typhaceae	香蒲	*Typha orientalis*
			宽叶香蒲	*Typha latifolia*
			小香蒲	*Typha minima*
			水烛	*Typha angustifolia*
		莎草科 Cyperaceae	东方羊胡子草	*Eriophorum angustifolium*
			白毛羊胡子草	*Eriophorum vaginatum*
			牛毛毡	*Eleocharis yokoscensis*
			畦畔飘拂草	*Fimbristylis squarrosa*
			扁秆荆三棱	*Bolboschoenus planiculmis*
			东北藨草	*Scirpus radicans*
			东方藨草	*Scirpus orientalis*
			藨草	*Scirpus triqueter*
			水葱	*Schoenoplectus tabernaemontani*
			萤蔺	*Scirpus juncoides*
			三轮草	*Cyperus orthostachyus*
			扁穗莎草	*Cyperus compressus*
			异型莎草	*Cyperus difformis*
			大穗薹草	*Carex rhynchophysa*
			毛薹草	*Carex lasiocarpa*
			直穗薹草	*Carex orthostachys*
			湿薹草	*Carex humida*
			乌拉草	*Carex meyeriana*
			湿生薹草	*Carex limosa*
			灰脉薹草	*Carex appendiculata*
			瘤囊薹草	*Carex schmidtii*
			漂筏薹草	*Carex pseudocuraica*
			乌苏里荸荠	*Eleocharis ussuriensis*
			卵穗荸荠	*Eleocharis ovata*
		兰科 Orchidaceae	绶草	*Spiranthes sinensis*

附表 2　黑龙江挠力河国家级自然保护区脊椎动物名录

附表 2-1　黑龙江挠力河国家级自然保护区兽类名录

序号	名称	栖息生境	数量	保护级别	资料来源	
					科考报告	野外调查
	一、食虫目 INSECTIVORA					
	（一）猬科 Erinaceidae					
1	东北刺猬 *Erinaceus amurensis*	3、4	++	III	+	+
	（二）鼩鼱科 Soricidae					
2	中鼩鼱 *Sorex caecutiens*	3、4	O		+	
3	普通鼩鼱 *Sorex araneus*	3、4	+		+	+
4	大鼩鼱 *Sorex mirabilis*	3、4	O		+	
5	小麝鼩 *Crocidura suaveolens*	3、4、5	+		+	+
6	大麝鼩 *Crocidura lasiura*	3、4、5	O		+	
	二、翼手目 CHIROPTERA					
	（三）蝙蝠科 Vespertilionidae					
7	须鼠耳蝠 *Myotis mystacinus*	3、4	O		+	
8	普通蝙蝠 *Vespertilio murinus*	3、4	+		+	+
9	东方蝙蝠 *Vespertilio superans*	3、4	+		+	+
10	大耳蝠 *Plecotus auritus*	3、4	O		+	
11	北棕蝠 *Eptesicus nilssoni*	3、4	O		+	
	三、食肉目 CARNIVORA					
	（四）犬科 Canidae					
12	狼 *Canis lupus*	2、3、4	+	IIIIVB	+	+
13	赤狐 *Vulpes vulpes*	3、4	++	IIIIVc	+	+
14	貉 *Nyctereutes procyonoides*	2、3	+++	III	+	+
	（五）熊科 Ursidae					
15	黑熊 *Selenarctos thibetanus*	2、3、4	+	II Ac	+	
16	棕熊 *Ursus arctos*	2、3、4	O	II Ab	+	
	（六）鼬科 Mustelidae					
17	紫貂 *Martes zibellina*	4	O	I c	+	
18	艾鼬 *Mustela eversmanii*	4	+		+	
19	小艾鼬 *Mustela amurensis*	3、4	O	IIIIVc	+	
20	香鼬 *Mustela altaica*	3、4	+	IIIIV	+	+
21	伶鼬 *Mustela nivalis*	3、4	+	IIIC	+	+
22	黄鼬 *Mustela sibirica*	3、4	++	IIIIV	+	+
23	水貂 *Mustela vison*	1	+		+	
24	狗獾 *Meles meles*	2、3、4	+	IIIc	+	+
25	水獭 *Lutra lutra*	1	O	II Ab	+	+
	（七）猫科 Felidae					
26	猞猁 *Lynx lynx*	4	+	II Bc	+	+
27	豹猫 *Felis bengalensis*	4	++	IIIIVBc	+	+
28	东北虎 *Panthera tigris*	4	O	I Aa	+	

续表

序号	名称	栖息生境	数量	保护级别	资料来源	
					科考报告	野外调查
	四、兔形目 LAGOMORPHA					
	（八）兔科 Leporidae					
29	雪兔 *Lepus timidus*	3、4	++	IIc	+	+
30	草兔 *Lepus capensis*	3、4	+		+	
	（九）鼠兔科 Ochotonidae					
31	东北鼠兔 *Ochotona hyperborea*	4	+		+	
	五、啮齿目 RODENTIA				+	
	（十）松鼠科 Sciuridae					
32	花鼠 *Tamias sibiricus*	4	++	III	+	+
33	松鼠 *Sciurus vulgaris*	4	++	III	+	+
34	飞鼠 *Pteromys volans*	4	O	III	+	
	（十一）跳鼠科 Dipodidae					
35	蹶鼠 *Sicista concolor*	4	+		+	+
	（十二）仓鼠科 Cricetidae					
36	黑线仓鼠 *Cricetulus barabensis*	2、3、4、5、6	++		+	+
37	大仓鼠 *Tscherskia triton*	3、5	+		+	+
38	红背鼠平 *Myodes rutilus*	4	+		+	+
39	棕背鼠平 *Myodes rufocanus*	4	+		+	+
40	普通田鼠 *Microtus arvalis*	3、4	++		+	+
41	莫氏田鼠 *Microtus maximowiczii*	2、3	+		+	
42	东方田鼠 *Microtus fortis*	1、2、4	++		+	+
43	麝鼠 *Ondatra zibethicus*	1	++	III	+	+
	（十三）鼠科 Muridae					
44	大林姬鼠 *Apodemus peninsulae*	2、3、4	++		+	+
45	黑线姬鼠 *Apodemus agrarius*	2、3、5	++		+	+
46	褐家鼠 *Rattus norvegicus*	2、3、4、5、6	++		+	+
47	小家鼠 *Mus musculus*	2、3、4、5、6	+		+	
	六、偶蹄目 ARTIODACTYLA					
	（十四）猪科 Suidae					
48	野猪 *Sus scrofa*	3、4、5	++	IIIc	+	+
	（十五）麝科 Moschidae					
49	原麝 *Moschus moschiferus*	3、4	O	I Bb	+	
	（十六）鹿科 Cervidae					
50	马鹿 *Cervus elaphus*	3、4	+	II	+	
51	梅花鹿 *Cervus nippon*	3、4	O	I a	+	
52	狍 *Capreolus capreolus*	2、3、4	++	III	+	+

注：1. 水域；2. 沼泽；3. 草甸；4. 林地；5. 农田；6. 居民区。

+++. 优势种；++. 常见种；+. 稀有种；O. 绝迹或文献记载。

I. 国家一级重点保护种类；II. 国家二级重点保护种类；III. 列入《国家保护的有益的或者有重要经济、科学研究价值的陆生野生动物名录》种类；IV. 黑龙江省地方重点保护种类。

A. 列入 CITES 附录 I 种类；B. 列入 CITES 附录 II 种类；C. 列入 CITES 附录III种类。

a. 列入 IUCN 红皮书极危种类；b. 列入 IUCN 红皮书濒危种类；c. 列入 IUCN 红皮书易危种类。

附表 2-2 黑龙江挠力河国家级自然保护区鸟类名录

序号	名称	栖息生境	数量	留居	区系	保护级别	资料来源 科考报告	资料来源 野外调查
	一、鸡形目 GALLIFORMES							
	（一）雉科 Phasianidae							
1	花尾榛鸡 *Tetrastes bonasia*	F	+	R	P	IIb	+	
2	黑琴鸡 *Lyrurus tetrix*	F	+	R	P	IIb	+	
3	斑翅山鹑 *Perdix dauurica*	G F	+	R	P	IIIb	+	+
4	鹌鹑 *Coturnix japonica*	G	++	S	C	III V	+	+
5	环颈雉 *Phasianus colchicus*	G F	+++	R	P	III	+	+
	二、雁形目 ANSERIFORMES							
	（二）鸭科 Anatidae							
6	鸿雁 *Anser cygnoides*	W M G L	++	S	P	III IV V b	+	+
7	豆雁 *Anser fabalis*	W M G L	+++	P	P	III IV V	+	+
8	灰雁 *Anser anser*	W M G L	+++	S	P	III IV	+	+
9	白额雁 *Anser albifrons*	W M G L	+++	P	C	II V b	+	+
10	小白额雁 *Anser erythropus*	W M G L	++	P	P	III IV V	+	+
11	疣鼻天鹅 *Cygnus olor*	W M	O	S	P	IIb		+
12	小天鹅 *Cygnus columbianus*	W M	+	P	P	II V	+	+
13	大天鹅 *Cygnus cygnus*	W M	++	S	C	II V	+	+
14	赤麻鸭 *Tadorna ferruginea*	W M	O	S	P	III V		+
15	鸳鸯 *Aix galericulata*	W F	+	S	P	IIb		+
16	赤膀鸭 *Mareca strepera*	W M	++	S	C	III V		+
17	罗纹鸭 *Mareca falcata*	W M	++	S	P	III V b		+
18	赤颈鸭 *Mareca penelope*	W M	+	S	P	III IV V C	+	+
19	绿头鸭 *Anas platyrhynchos*	W M L	+++	S	C	III V	+	+
20	斑嘴鸭 *Anas zonorhyncha*	W M L	+++	S	C	III	+	+
21	针尾鸭 *Anas acuta*	W M	++	S	C	III V C	+	+
22	绿翅鸭 *Anas crecca*	W M	+++	S	C	III V C	+	+
23	琵嘴鸭 *Spatula clypeata*	W M	++	S	C	III IV V VIC	+	+
24	白眉鸭 *Spatula querquedula*	W M	++	S	P	III IV V VIC	+	+
25	花脸鸭 *Sibirionetta formosa*	W	++	P	P	III IV V C b	+	+
26	红头潜鸭 *Aythya ferina*	W	++	S	P	III V	+	+
27	青头潜鸭 *Aythya baeri*	W	+	S	P	III IV V b	+	+
28	凤头潜鸭 *Aythya fuligula*	W	++	P	P	III V	+	+
29	鹊鸭 *Bucephala clangula*	W	++	P	C	III V	+	+
30	斑头秋沙鸭 *Mergus albellus*	W	+	P	P	III IV V	+	+
31	普通秋沙鸭 *Mergus merganser*	W	+	P	C	III V	+	+
32	红胸秋沙鸭 *Mergus serrator*	W	O	P	C	III IV V	+	
33	中华秋沙鸭 *Mergus squamatus*	W F	O	S	P	I a	+	
	三、䴙䴘目 PODICIPEDIFORMES							
	（三）䴙䴘科 Podicipedidae							
34	小䴙䴘 *Tachybaptus ruficollis*	W	++	S	C	IIIb	+	+

续表

序号	名称	栖息生境	数量	留居	区系	保护级别	资料来源	
							科考报告	野外调查
35	赤颈䴙䴘 *Podiceps grisegena*	W	+	S	C	II	+	+
36	凤头䴙䴘 *Podiceps cristatus*	W	+++	S	P	III V	+	+
37	角䴙䴘 *Podiceps auritus*	W	O	P	C	II V	+	
38	黑颈䴙䴘 *Podiceps nigricollis*	W	+	S	C	IIIb	+	+
	四、鸽形目 COLUMBIFORMES							
	（四）鸠鸽科 Columbidae							
39	原鸽 *Columba livia*	F	+	R	P	III	+	
40	山斑鸠 *Streptopelia orientalis*	F	++	S	C	III	+	+
	五、夜鹰目 CAPRIMULGIFORMES							
	（五）夜鹰科 Caprimulgidae							
41	普通夜鹰 *Caprimulgus indicus*	F	+	S	C	III IV V	+	
	六、鹃形目 CUCULIFORMES							
	（六）杜鹃科 Cuculidae							
42	北棕腹鹰鹃 *Hierococcyx hyperythrus*	F	O	S	C	III IV V	+	
43	四声杜鹃 *Cuculus micropterus*	F	+	S	O	III	+	+
44	东方中杜鹃 *Cuculus optatus*	F	+	S	C	III V VI	+	+
45	大杜鹃 *Cuculus canorus*	F	++	S	C	III V	+	+
	七、鹤形目 GRUIFORMES							
	（七）秧鸡科 Rallidae							
46	小田鸡 *Porzana pusilla*	M	+	S	P	III V		+
47	红胸田鸡 *Zapornia fusca*	M	+	S	C	III V	+	+
48	斑胁田鸡 *Zapornia paykullii*	M	+	S	P	III	+	
49	黑水鸡 *Gallinula chloropus*	M	++	S	C	III IV V	+	+
50	白骨顶 *Fulica atra*	W	+++	S	P	III	+	+
	（八）鹤科 Gruidae							
51	白枕鹤 *Grus vipio*	M G	++	S	P	II V Aa	+	+
52	丹顶鹤 *Grus japonensis*	M G	++	S	P	I Aa	+	+
53	灰鹤 *Grus grus*	M G	+	S	P	II V B	+	
54	白头鹤 *Grus monacha*	M G	+	P	P	I V Aa	+	+
	八、鸻形目 CHARADRIIFORMES							
	（九）蛎鹬科 Haematopodidae							
55	蛎鹬 *Haematopus ostralegus*	M G	+	S	P	III V b	+	+
	（十）反嘴鹬科 Recurvirostridae							
56	黑翅长脚鹬 *Himantopus himantopus*	M G	+++	S	C	III V	+	+
	（十一）鸻科 Charadriidae							
57	凤头麦鸡 *Vanellus vanellus*	M G	+++	S	P	III V	+	+
58	灰头麦鸡 *Vanellus cinereus*	M G	+	S	P	III	+	
59	金鸻 *Pluvialis fulva*	M G	+	P	C	III V VI	+	+
60	金眶鸻 *Charadrius dubius*	M G	++	S	C	III VI	+	+

序号	名称	栖息生境	数量	留居	区系	保护级别	资料来源	
							科考报告	野外调查
61	环颈鸻 *Charadrius alexandrinus*	M G	++	S	C	III	+	+
62	蒙古沙鸻 *Charadrius mongolus*	M G		P	C	IIIV VI	+	
	（十二）鹬科 Scolopacidae							
63	丘鹬 *Scolopax rusticola*	M G	+	S	P	IIIIV V	+	+
64	孤沙锥 *Gallinago solitaria*	M G	O	S	P	IIIIV V a	+	
65	拉氏沙锥 *Gallinago hardwickii*	M G	+	S	P	IIIVIa	+	
66	针尾沙锥 *Gallinago stenura*	M G	++	S	P	III V	+	+
67	大沙锥 *Gallinago megala*	M G	+	S	P	IIIV VI	+	
68	扇尾沙锥 *Gallinago gallinago*	M G	++	S	C	IIIV	+	+
69	黑尾塍鹬 *Limosa limosa*	M G	+++	P	P	IIIV VI	+	+
70	白腰杓鹬 *Numenius arquata*	M G	++	P	P	III V VIb	+	+
71	大杓鹬 *Numenius madagascariensis*	M G	++	S	P	IIIIV V VIb	+	+
72	鹤鹬 *Tringa erythropus*	M G	+	S	P	IIIV	+	+
73	红脚鹬 *Tringa totanus*	M G	+++	S	P	IIIV VI	+	+
74	泽鹬 *Tringa stagnatilis*	M G	++	P	P	IIIV VI	+	+
75	青脚鹬 *Tringa nebularia*	M G	++	P	P	IIIV VI	+	+
76	白腰草鹬 *Tringa ochropus*	M G	+++	S	P	IIIV	+	+
77	林鹬 *Tringa glareola*	M G	++	S	P	IIIV VI	+	+
78	矶鹬 *Tringa hypoleucos*	M G	+	S	P	IIIV VI	+	+
79	翻石鹬 *Arenaria interpres*	M G	O	P	C	IIIV VI	+	
80	红腹滨鹬 *Calidris canutus*	M G	+	P	P	IIIV VI	+	
81	三趾滨鹬 *Calidris alba*	M G	+	P	P	III		+
82	红颈滨鹬 *Calidris ruficollis*	M G	+	P	P	IIIV VI	+	
83	青脚滨鹬 *Calidris temminckii*	M G	+	P	P	IIIV	+	
84	黑腹滨鹬 *Calidris alpina*	M G	+	P	C	IIIV VI	+	
	（十三）燕鸻科 Glareolidae							
85	普通燕鸻 *Glareola maldivarum*	M G	+	S	C	IIIV VI	+	
	（十四）鸥科 Laridae							
86	三趾鸥 *Rissa tridactyla*	W G	+	S	C	IIIV	+	
87	红嘴鸥 *Chroicocephalus ridibundus*	W G	+++	S	P	IIIV	+	+
88	普通海鸥 *Larus canus*	W G	O	P	C	IIIV	+	
89	西伯利亚银鸥 *Larus smithsonianus*	W G	++	S	C	IIIV	+	+
90	灰背鸥 *Larus schistisagus*	W G	+	O	P	IIIVb	+	
91	白额燕鸥 *Sterna albifrons*	W G	+	S	C	IIIV VI	+	+
92	普通燕鸥 *Sterna hirundo*	W G	++	S	C	IIIV VI	+	+
93	灰翅浮鸥 *Chlidonias hybrida*	W G	+++	S	P	III	+	+
94	白翅浮鸥 *Chlidonias leucopterus*	W G	+++	S	P	IIIVI	+	+
	九、潜鸟目 GAVIIFORMES							
	（十五）潜鸟科 Gaviidae							
95	红喉潜鸟 *Gavia stellata*	W	O	P	C	IIIIV V	+	

续表

序号	名称	栖息生境	数量	留居	区系	保护级别	资料来源	
							科考报告	野外调查
96	黑喉潜鸟 *Gavia arctica*	W	O	P	C	ⅢⅣ V	+	
	十、鹳形目 CICONIIFORMES							
	（十六）鹳科 Ciconiidae							
97	黑鹳 *Ciconia nigra*	W G	+	S	P	Ⅰ V Bb	+	
98	东方白鹳 *Ciconia boyciana*	W G	++	S	P	Ⅰ ⅢAa	+	+
	十一、鲣鸟目 SULIFORMES							
	（十七）鸬鹚科 Phalacrocoracidae							
99	海鸬鹚 *Phalacrocorax pelagicus*	W	O	P	P	Ⅱ V b	+	
100	普通鸬鹚 *Phalacrocorax carbo*	W	++	S	C	Ⅲ	+	+
	十二、鹈形目 PELECANIFORMES							
	（十八）鹮科 Threskiornithidae							
101	黑头白鹮 *Threskiornis melanocephalus*	M G	O	S	P	Ⅱ V Cb	+	
102	白琵鹭 *Platalea leucorodia*	M G	++	S	P	Ⅱ V Bb	+	+
	（十九）鹭科 Ardeidae							
103	大麻鳽 *Botaurus stellaris*	M G	++	S	C	Ⅲ V	+	+
104	黄斑苇鳽 *Ixobrychus sinensis*	M G	+	S	P	ⅢⅣ V Ⅵ		+
105	夜鹭 *Nycticorax nycticorax*	M G	+	S	C	Ⅲ V	+	
106	牛背鹭 *Bubulcus ibis*	M G	+	S	C	ⅢC	+	
107	苍鹭 *Ardea cinerea*	M G	+++	S	C	Ⅲ V	+	+
108	草鹭 *Ardea purpurea*	M G	++	S	C	Ⅲ V	+	+
109	大白鹭 *Ardea alba*	M G	+++	S	P	ⅢⅣ V ⅥC	+	+
110	白鹭 *Egretta garzetta*	M G	+	P	C	Ⅲ		+
	十三、鹰形目 ACCIPITRIFORMES							
	（二十）鹗科 Pandionidae							
111	鹗 *Pandion haliaetus*	W F	+	S	C	Ⅱ Bb	+	+
	（二十一）鹰科 Accipitridae							
112	秃鹫 *Aegypius monachus*	F G	+	S	P	Ⅱ Ba	+	+
113	金雕 *Aquila chrysaetos*	F G	O	S	C	Ⅰ Bb	+	
114	日本松雀鹰 *Accipiter gularis*	F	+	S	O	Ⅱ V B	+	+
115	雀鹰 *Accipiter nisus*	F	+	S	P	Ⅱ B	+	+
116	苍鹰 *Accipiter gentilis*	F	+	S	C	Ⅱ B	+	
117	白腹鹞 *Circus spilonotus*	M G	+	S	C	Ⅱ V Bb	+	
118	白尾鹞 *Circus cyaneus*	M G	+++	S	C	Ⅱ V Bb	+	+
119	鹊鹞 *Circus melanoleucos*	M G	++	S	P	Ⅱ V Bb	+	+
120	黑鸢 *Milvus migrans*	M F	+	S	C	Ⅱ B	+	+
121	白尾海雕 *Haliaeetus albicilla*	W M	+	S	C	Ⅰ Aa	+	+
122	毛脚鵟 *Buteo lagopus*	G F	++	W	C	Ⅱ V Bb	+	+
123	大鵟 *Buteo hemilasius*	G F	+	S	C	Ⅱ Bb	+	
124	普通鵟 *Buteo japonicus*	G F	+	S	C	Ⅱ Bb	+	+

序号	名称	栖息生境	数量	留居	区系	保护级别	资料来源	
							科考报告	野外调查
	十四、鸮形目 STRIGIFORMES							
	（二十二）鸱鸮科 Strigidae							
125	北领角鸮 *Otus semitorques*	F L	+	R	C	II Bb	+	+
126	红角鸮 *Otus sunia*	F L	+	S	C	II Bb	+	+
127	雪鸮 *Bubo scandiacus*	F L	+	W	C	II V B	+	+
128	雕鸮 *Bubo bubo*	F L	O	R	P	II Ba	+	
129	长耳鸮 *Asio otus*	F L	+	R	C	II V B	+	+
130	短耳鸮 *Asio flammeus*	F L	+	R	C	II V B	+	+
	十五、犀鸟目 BUCEROTIFORMES							
	（二十三）戴胜科 Upupidae							
131	戴胜 *Upupa epops*	F L	++	S	C	III	+	+
	十六、佛法僧目 CORACIIFORMES							
	（二十四）佛法僧科 Coraciidae							
132	三宝鸟 *Eurystomus orientalis*	F L	+	S	C	III IV V b	+	+
	（二十五）翠鸟科 Alcedinidae							
133	蓝翡翠 *Halcyon pileata*	W F	+	O	O	III IVa		+
134	普通翠鸟 *Alcedo atthis*	W F	++	S	C	III	+	+
	十七、啄木鸟目 PICIFORMES							
	（二十六）啄木鸟科 Picidae							
135	蚁䴕 *Jynx torquilla*	F	+	S	P	III	+	+
136	小星头啄木鸟 *Dendrocopos kizuki*	F	+	R	P	III IVb	+	
137	星头啄木鸟 *Dendrocopos canicapillus*	F	+	R	O	III	+	
138	小斑啄木鸟 *Dendrocopos minor*	F	+	R	P	III	+	+
139	白背啄木鸟 *Dendrocopos leucotos*	F	+	R	P	III IV V	+	
140	大斑啄木鸟 *Dendrocopos major*	F	++	R	P	III	+	+
141	黑啄木鸟 *Dryocopus martius*	F	+	R	P	III IV	+	
142	灰头绿啄木鸟 *Picus canus*	F	++	R	P	III		+
	十八、隼形目 FALCONIFORMES							
	（二十七）隼科 Falconidae							
143	红隼 *Falco tinnunculus*	M G F	++	S	C	II Bb	+	+
144	红脚隼 *Falco amurensis*	M G F	+++	S	P	II B	+	+
145	灰背隼 *Falco columbarius*	M G F	+	S	P	II V B	+	+
146	燕隼 *Falco subbuteo*	M G F	+	S	P	II V B	+	+
147	矛隼 *Falco rusticolus*	M GL F	O	W	C	II V Ab	+	
148	游隼 *Falco peregrinus*	M G F	O	P	C	II Ab	+	+
	十九、雀形目 PASSERIFORMES							
	（二十八）黄鹂科 Oriolidae							
149	黑枕黄鹂 *Oriolus chinensis*	F	+	S	O	III IV V	+	
	（二十九）伯劳科 Laniidae							
150	虎纹伯劳 *Lanius tigrinus*	F	O	S	P	III V b	+	

续表

序号	名称	栖息生境	数量	留居	区系	保护级别	资料来源	
							科考报告	野外调查
151	红尾伯劳 *Lanius cristatus*	F	++	S	P	ⅢⅤ	+	+
152	灰伯劳 *Lanius excubitor*	F	+	P	P	ⅢⅣ	+	+
	（三十）鸦科 Corvidae							
153	北噪鸦 *Perisoreus infaustus*	F	+	R	P		+	
154	松鸦 *Garrulus glandarius*	F	++	R	C		+	+
155	灰喜鹊 *Cyanopica cyanus*	G L F	++	R	P	ⅢⅣ	+	+
156	喜鹊 *Pica pica*	G L F	+++	R	P	Ⅲ	+	+
157	星鸦 *Nucifraga caryocatactes*	G L F	+	R	P	Ⅳ	+	+
158	达乌里寒鸦 *Corvus dauuricus*	G L F	++	R	P	ⅢⅤ	+	+
159	秃鼻乌鸦 *Corvus frugilegus*	G L F	++	S	P	ⅢⅤ	+	+
160	小嘴乌鸦 *Corvus corone*	G L F	+++	R	C		+	+
161	大嘴乌鸦 *Corvus macrorhynchos*	G L F	+++	R	C		+	+
	（三十一）山雀科 Paridae							
162	沼泽山雀 *Poecile palustris*	M F	+++	R	P	Ⅲ	+	+
163	灰蓝山雀 *Cyanistes cyanus*	M F	+	P	P	ⅢⅣ	+	
164	大山雀 *Parus cinereus*	M F	++	R	C	Ⅲ	+	+
	（三十二）攀雀科 Remizidae							
165	中华攀雀 *Remiz consobrinus*	F	+				+	
	（三十三）百灵科 Alaudidae							
166	短趾百灵 *Alaudala cheleensis*	G L	+	S	P		+	
167	云雀 *Alauda arvensis*	G L	+	S	P	Ⅲ	+	
	（三十四）苇莺科 Acrocephalidae							
168	东方大苇莺 *Acrocephalus orientalis*	M	++	S	C	ⅣⅤ	+	+
169	黑眉苇莺 *Acrocephalus bistrigiceps*	M	++	S	P	ⅢⅤ	+	+
170	远东苇莺 *Acrocephalus tangorum*	M	+	S	P		+	
171	厚嘴苇莺 *Arundinax aedon*	M	+	S	P		+	+
	（三十五）蝗莺科 Locustellidae							
172	苍眉蝗莺 *Locustella fasciolata*	G F	+	P	P	ⅢⅣⅤ	+	
	（三十六）燕科 Hirundinidae							
173	崖沙燕 *Riparia riparia*	G L	++	S	C	ⅢⅤ	+	+
174	家燕 *Hirundo rustica*	G R L	+++	S	C	ⅢⅣⅤⅥ	+	+
175	毛脚燕 *Delichon urbica*	G R L	+	S	C	ⅢⅤ	+	
176	金腰燕 *Cecropis daurica*	G R L	+++	S	C	ⅢⅣⅤ	+	+
	（三十七）柳莺科 Phylloscopidae							
177	褐柳莺 *Phylloscopus fuscatus*	F	+	P	P		+	
178	巨嘴柳莺 *Phylloscopus schwarzi*	F	+	P	P	Ⅲ	+	+
179	黄腰柳莺 *Phylloscopus proregulus*	F	+	S	P	Ⅲ	+	
180	黄眉柳莺 *Phylloscopus inornatus*	F	+	P	P	ⅢⅤ	+	+
181	极北柳莺 *Phylloscopus borealis*	F	+	P	P	ⅢⅤⅥ	+	+

序号	名称	栖息生境	数量	留居	区系	保护级别	资料来源	
							科考报告	野外调查
182	双斑绿柳莺 *Phylloscopus plumbeitarsus*	F	+	P	P	III	+	
	（三十八）树莺科 Cettiidae							
183	短翅树莺 *Horornis diphone*	F	+	S	P		+	
	（三十九）长尾山雀科 Aegithalidae							
184	北长尾山雀 *Aegithalos caudatus*	F	+	P	P	IIIIV	+	+
	（四十）莺鹛科 Sylviidae							
185	震旦鸦雀 *Paradoxornis heudei*	M	+					
	（四十一）绣眼鸟科 Zosteropidae							
186	红胁绣眼鸟 *Zosterops erythropleurus*	F	+	S	C	III	+	+
	（四十二）旋木雀科 Certhiidae							
187	欧亚旋木雀 *Certhia familiaris*	F	+	P	P	IV	+	+
	（四十三）䴓科 Sittidae							
188	普通䴓 *Sitta europaea*	F	++	P	P		+	+
	（四十四）河乌科 Cinclidae							
189	褐河乌 *Cinclus pallasii*	W F	O	R	C	IV	+	
	（四十五）椋鸟科 Sturnidae							
190	灰椋鸟 *Spodiopsar cineraceus*	G F	++	S	P	III	+	+
191	北椋鸟 *Agropsar sturninus*	G F	+	S	P	III	+	+
	（四十六）鸫科 Turdidae							
192	虎斑地鸫 *Zoothera dauma*	G L F	+	P	P	IIIIV V	+	
193	灰背鸫 *Turdus hortulorum*	G L F	+	S	P	III V	+	+
194	赤颈鸫 *Turdus ruficollis*	G L F	+	S	P		+	
195	斑鸫 *Turdus eunomus*	G L F	+	P	P	III V	+	+
	（四十七）鹟科 Muscicapidae							
196	红尾歌鸲 *Larvivora sibilans*	F	+	S	P	III V	+	
197	蓝歌鸲 *Larvivora cyane*	F	+	S	P	III V	+	+
198	红喉歌鸲 *Calliope calliope*	F	+	P	P	III V	+	+
199	蓝喉歌鸲 *Luscinia svecica*	F	+	S	P	III	+	+
200	红胁蓝尾鸲 *Tarsiger cyanurus*	F	+	P	P	III V	+	+
201	北红尾鸲 *Phoenicurus auroreus*	F	+	S	P	III V	+	+
202	黑喉石䳭 *Saxicola maurus*	F	+	S	P	III V	+	+
203	白喉矶鸫 *Monticola gularis*	F	+	P	P			+
204	乌鹟 *Muscicapa sibirica*	F	+	P	P	III V	+	+
205	北灰鹟 *Muscicapa dauurica*	F	+	S	P	III V	+	+
206	白眉姬鹟 *Ficedula zanthopygia*	F	+	S	P	III V	+	+
207	鸲姬鹟 *Ficedula mugimaki*	F	+	P	P	III V	+	
208	红喉姬鹟 *Ficedula albicilla*	F	+	P	P	III	+	+
	（四十八）戴菊科 Regulidae							
209	戴菊 *Regulus regulus*	F	+	P	P	III	+	

序号	名称	栖息生境	数量	留居	区系	保护级别	资料来源 科考报告	资料来源 野外调查
	（四十九）太平鸟科 Bombycillidae							
210	太平鸟 *Bombycilla garrulus*	F	+	W	C	ⅢⅣ Ⅴ	+	+
211	小太平鸟 *Bombycilla japonica*	F	+	P	P	ⅢⅣ Ⅴ b	+	
	（五十）岩鹨科 Prunellidae							
212	棕眉山岩鹨 *Prunella montanella*	F	+	P	P		+	
	（五十一）雀科 Passeridae							
213	麻雀 *Passer montanus*	L F R	+++	R	C	Ⅲ Ⅴ	+	+
	（五十二）鹡鸰科 Motacillidae							
214	山鹡鸰 *Dendronanthus indicus*	M G F	+	S	P	Ⅲ Ⅴ b	+	+
215	黄鹡鸰 *Motacilla tschutschensis*	M G F	++	S	P	Ⅲ Ⅴ Ⅵ	+	+
216	黄头鹡鸰 *Motacilla citreola*	M G F	+	S	P	Ⅲ Ⅴ Ⅵ	+	+
217	灰鹡鸰 *Motacilla cinerea*	M G F	++	S	P	ⅢⅥ	+	+
218	白鹡鸰 *Motacilla alba*	M G F	++	S	P	Ⅲ Ⅴ Ⅵ	+	+
219	田鹨 *Anthus richardi*	M G F	+	S	C	Ⅲ Ⅴ	+	+
220	树鹨 *Anthus hodgsoni*	M G F	+	P	P	Ⅲ Ⅴ	+	+
221	草地鹨 *Anthus pratensis*	M G F	+	S	P		+	
222	北鹨 *Anthus gustavi*	M G F	+	S	P	Ⅲ Ⅴ	+	
223	红喉鹨 *Anthus cervinus*	M G F	+	P	C	Ⅲ Ⅴ		+
224	黄腹鹨 *Anthus rubescens*	M G F	+	S	P		+	
225	水鹨 *Anthus spinoletta*	M G F	+	P	P	Ⅲ Ⅴ	+	
	（五十三）燕雀科 Fringillidae							
226	燕雀 *Fringilla montifringilla*	F	+	P	P	Ⅲ Ⅴ	+	+
227	普通朱雀 *Carpodacus erythrinus*	F	+	S	P	Ⅲ Ⅴ	+	+
228	锡嘴雀 *Coccothraustes coccothraustes*	F	+	R	P	Ⅲ Ⅴ	+	+
229	黑头蜡嘴雀 *Eophona personata*	F	+	R	P	Ⅲ	+	+
230	长尾雀 *Carpodacus sibiricus*	F	+	R	P	Ⅲ	+	+
231	北朱雀 *Carpodacus roseus*	F	+	P	P	Ⅲ Ⅴ	+	
232	金翅雀 *Chloris sinica*	F	+	R	P	Ⅲ	+	+
233	白腰朱顶雀 *Acanthis flammea*	F	++	P	P	Ⅲ Ⅴ		+
234	黄雀 *Spinus spinus*	F	+	P	P	Ⅲ Ⅴ		+
	（五十四）铁爪鹀科 Calcariidae							
235	铁爪鹀 *Calcarius lapponicus*	G L	+	W	P	Ⅲ Ⅴ		+
236	雪鹀 *Plectrophenax nivalis*	G L	++	W	C	ⅢⅣ Ⅴ	+	+
	（五十五）鹀科 Emberizidae							
237	三道眉草鹀 *Emberiza cioides*	G L F	++	R	P	Ⅲ		+
238	白眉鹀 *Emberiza tristrami*	G L F	+	P	P	ⅢⅣ	+	+
239	小鹀 *Emberiza pusilla*	G L F	+	S	P	Ⅲ		+
240	黄眉鹀 *Emberiza chrysophrys*	G L F	+	P	P	Ⅲ	+	+
241	田鹀 *Emberiza rustica*	G L F	+	P	P	Ⅲ	+	

序号	名称	栖息生境	数量	留居	区系	保护级别	资料来源	
							科考报告	野外调查
242	黄喉鹀 *Emberiza elegans*	G L F	+	S	P	Ⅲ Ⅴ	+	+
243	黄胸鹀 *Emberiza aureola*	G L F	+	S	P	Ⅲ Ⅴ	+	+
244	栗鹀 *Emberiza rutila*	G L F	+	P	P	Ⅲ	+	
245	灰头鹀 *Emberiza spodocephala*	G L F	++	S	P	Ⅲ Ⅴ	+	+
246	苇鹀 *Emberiza pallasi*	G L F	+	P	P	Ⅲ Ⅴ	+	
247	红颈苇鹀 *Emberiza yessoensis*	G L F	+	S	P	Ⅲb	+	
248	芦鹀 *Emberiza schoeniclus*	G L F	+	S	P	Ⅲ Ⅴ	+	

注：W. 水域；M. 沼泽；F. 森林、灌丛；R. 居民区；G. 草甸；L. 农田、荒地。

+++. 优势种；++. 常见种；+. 稀有种；O. 数量极少或偶见。

S. 夏候鸟；R. 留鸟；W. 冬候鸟；P. 旅鸟；O. 迷鸟或文献记录种类。

P. 古北种；O. 东洋种；C. 广布种。

Ⅰ. 国家一级重点保护种类；Ⅱ. 国家二级重点保护种类；Ⅲ. 列入《国家保护的有益的或者有重要经济、科学研究价值的陆生野生动物名录》种类；Ⅳ. 黑龙江省重点保护种类；Ⅴ. 《中日保护候鸟及栖息环境协定》共同保护鸟类；Ⅵ. 《中澳保护候鸟及栖息环境协定》共同保护鸟类。

A. 列入 CITES 附录Ⅰ种类；B. 列入 CITES 附录Ⅱ种类；C. 列入 CITES 附录Ⅲ种类。

a. 列入 IUCN 红皮书濒危种类；b. 列入 IUCN 红皮书易危种类。

附表 2-3 黑龙江挠力河国家级自然保护区两栖类、爬行类名录

序号	名称	栖息生境	数量	保护级别	资料来源	
					科考报告	野外调查
	爬行纲 REPTILIA					
	一、龟鳖目 TESTUDINES					
	（一）鳖科 Trionychidae					
1	鳖 *Pelodiscus sinensis*	2	+		+	
	二、有鳞目 SQUAMATA					
	（二）蜥蜴科 Lacertidae					
2	丽斑麻蜥 *Eremias argus*	3、4	+		+	
3	黑龙江草蜥 *Takydromus amurensis*	3、4	++		+	
4	白条草蜥 *Takydromus wolteri*	3、4	+		+	+
5	胎蜥 *Lacerta vivipara*	3、4	+		+	
	（三）游蛇科 Colubridae					
6	黄脊游蛇 *Coluber spinalis*	3、4	+	III	+	
7	赤链蛇 *Lycodon rufozonatum*	3、4	+	III	+	
8	白条锦蛇 *Elaphe dione*	3、4	++		+	+
9	赤峰锦蛇 *Elaphe anomala*	3、4	+		+	
10	棕黑锦蛇 *Elaphe schrenckii*	3、4	+		+	+
11	东亚腹链蛇 *Amphiesma vibakari*	3、4	++		+	
12	虎斑颈槽蛇 *Rhabdophis tigrinus*	3、4	++		+	
	（四）蝰科 Viperidae					
13	乌苏里蝮 *Gloydius ussuriensis*	3、4	+	III	+	+
	两栖纲 AMPHIBIA					
	一、有尾目 CAUDATA					
	（一）小鲵科 Hynobiidae					
1	东北小鲵 *Hynobius leechii*	1、2	+	III	+	
2	极北鲵 *Salamandrella keyserlingii*	1、2	++		+	+
	二、无尾目 ANURA					
	（二）铃蟾科 Bombinatoridae					
3	东方铃蟾 *Bombina orientalis*	1、2、3	+		+	
	（三）蟾蜍科 Bufonidae					
4	中华蟾蜍 *Bufo gargarizans*	1、2、3	++		+	+
5	花背蟾蜍 *Bufo raddei*	1、2、3	+++		+	+
	（四）雨蛙科 Hylidae					
6	东北雨蛙 *Hyla ussuriensis*	1、2、3	++		+	+
	（五）蛙科 Ranidae					
7	黑龙江林蛙 *Rana amurensis*	1、2、3	+++		+	+
8	东北林蛙 *Rana dybowskii*	1、2、3	+		+	
9	黑斑侧褶蛙 *Pelophylax nigromaculata*	1、2、3	++		+	+
10	东北粗皮蛙 *Rugosa emeljanovi*	1、2、3	+	III	+	

注：1. 沼泽；2. 水域；3. 草甸；4. 林地。
+++. 优势种；++. 常见种；+. 稀有种。
III. 黑龙江省重点保护种类。

附表 2-4　黑龙江挠力河国家级自然保护区鱼类名录

序号	名称	数量	食性	区系类群	保护级别	资料来源 科考报告	资料来源 野外调查
	七鳃鳗纲 PETROMYZONTIA						
	一、七鳃鳗目 PETROMYZONTIFORMES						
	（一）七鳃鳗科 Petromyzontidae						
1	雷氏七鳃鳗 *Lampetra reissneri*	+	1	1	a		+
2	日本七鳃鳗 *Lampetra japonica*	+	1		c		
	辐鳍鱼纲 ACTINOPTERYGII						
	一、鲟形目 ACIPENSERIFORMES						
	（一）鲟科 Acipenseridae						
1	史氏鲟 *Acipenser schrenckii*	+	1	1		+	
2	鳇 *Huso dauricus*	+	1	1	b	+	
	二、鲤形目 CYPRINIFORMES						
	（二）鲤科 Cyprinidae						
3	马口鱼 *Opsariichthys bidens*	+	1	5		+	+
4	瓦氏雅罗鱼 *Leuciscus waleckii*	+	3	3		+	+
5	真鳑 *Phoxinus phoxinus*	+	3	3		+	
6	湖鳑 *Phoxinus percnurus*	++	3	3		+	+
7	拉氏大吻鳑 *Rhynchocypris lagowskii*	+	3	4		+	
8	花江鳑 *Phoxinus czekanowskii*	+	3	3			+
9	拟赤梢鱼 *Pseudaspius leptocephalus*	+	3	1		+	+
10	青鱼 *Mylopharyngodon piceus*	+	1	5		+	
11	草鱼 *Ctenopharyngodon idellus*	++	2	5		+	+
12	鳡 *Elopichthys bambusa*	+	1	5		+	+
13	鲦 *Hemiculter leucisculus*	+++	3	5		+	+
14	贝氏鲦 *Hemiculter bleekeri*	++	3	5			+
15	兴凯鲦 *Hemiculter lucidus*	+	3	5			+
16	红鳍原鲌 *Cultrichthys erythropterus*	++	1	5		+	+
17	扁体原鲌 *Cultrichthys compressocorpus*	+	1	5		+	
18	达氏鲌 *Chanodichthys dabryi* subsp. *dabryi*	+	1				+
19	蒙古鲌 *Chanodichthys mongolicus* subsp. *mongolicus*	+	1	5		+	+
20	翘嘴鲌 *Culter alburnus*	++	1	5			+
21	鳊 *Parabramis pekinensis*	+	2	5		+	+
22	鲂 *Megalobrama skolkovii*	+	2	5		+	+
23	银鲴 *Xenocypris argentea*	+	3	5		+	+
24	细鳞鲴 *Xenocypris microlepis*	+	3	5		+	+
25	大鳍鱊 *Acheilognathus macropterus*	++	3				+
26	黑龙江鰟鮍 *Rhodeus sericeus*	++	2	1		+	+
27	唇鲴 *Hemibarbus labeo*	++	1	5			+
28	花鲴 *Hemibarbus maculatus*	+	1	5		+	+
29	条纹似白鮈 *Paraleucogobio strigatus*	++	3	5		+	

续表

序号	名称	数量	食性	区系类群	保护级别	资料来源	
						科考报告	野外调查
30	麦穗鱼 *Pseudorasbora parva*	++	3	1		+	+
31	东北鳈 *Sarcocheilichthys lacustris*	+	1	5			+
32	克氏鳈 *Sarcocheilichthys czerskii*	+	1	5			+
33	细体鮈 *Gobio tenuicorpus*	+	1	1			+
34	凌源鮈 *Gobio lingyuanensis*	+	1			+	
35	高体鮈 *Gobio soldatovi*	++	1	1			+
36	东北颌须鮈 *Gnathopogon mantschuricus*	++	1	5		+	
37	兴凯银鮈 *Squalidus chankaensis*	+	1			+	
38	银鮈 *Squalidus argentatus*	+	1				+
39	棒花鱼 *Abbottina rivularis*	++	3	5		+	+
40	蛇鮈 *Saurogobio dabryi*	+	1	5		+	+
41	鲤 *Cyprinus carpio*	+++	3	1		+	+
42	银鲫 *Carassius auratus* subsp. *gibelio*	+++	3	1		+	+
43	鳙 *Aristichthys nobilis*	+	3			+	+
44	鲢 *Hypophthalmichthys molitrix*	++	2			+	+
45	潘氏鳅 *Gobiobotia pappenheimi*	+	1	5		+	
	（三）鳅科 Cobitidae						
46	北方须鳅 *Barbatula nuda*	++	3	4		+	
47	北鳅 *Lefua costata*	++	2				+
48	黑龙江花鳅 *Cobitis lutheri*	+++	2	3		+	+
49	黑龙江泥鳅 *Misgurnus mohoity*	+++	2	1		+	+
50	花斑副沙鳅 *Parabotia fasciata*	+	1	6			+
	三、鲇形目 SILURIFORMES						
	（四）鲿科 Bagridae						
51	黄颡鱼 *Pelteobagrus fulvidraco*	+++	1	6		+	+
52	光泽黄颡鱼 *Pelteobagrus nitidus*	++	1	6		+	+
53	乌苏拟鲿 *Pseudobagrus ussuriensis*	+	1	6		+	+
	（五）鲇科 Siluridae						
54	怀头鲇 *Silurus soldatovi*	+	1	1		+	+
55	鲇 *Silurus asotus*	++	1	1		+	+
	四、鲑形目 SALMONIFORMES						
	（六）胡瓜鱼科 Osmeridae						
56	日本公鱼 *Hypomesus transpacificus* subsp. *nipponensis*	+	1	2		+	
57	池沼公鱼 *Hypomesus olidus*	+	1	2			+
	（七）鲑科 Salmonidae						
58	大麻哈鱼 *Oncorhynchus keta*	+	1			+	+
59	哲罗鲑 *Hucho taimen*	+	1	4		+	+
60	细鳞鲑 *Brachymystax lenok*	+	1	4	b	+	+
61	乌苏里白鲑 *Coregonus ussuriensis*	+	1	2	b	+	+

序号	名称	数量	食性	区系类群	保护级别	资料来源	
						科考报告	野外调查
62	下游黑龙江茴鱼 *Thymallus tugarinae*	++	1	4		+	+
	（八）狗鱼科 Esocidae						
63	黑斑狗鱼 *Esox reicherti*	+	1	3		+	+
	五、鳕形目 GADIFORMES						
	（九）鳕科 Gadidae						
64	江鳕 *Lota lota*	+	1	2		+	+
	六、颌针鱼目 BELONIFORMES						
	（十）青鳉科 Oryzizgidae						
65	青鳉 *Oryzias latipes*	+	1	6			+
	七、刺鱼目 GASTEROSTEIFORMES						
	（十一）刺鱼科 Gasterosteidae						
66	中华多刺鱼 *Pungitius sinensis*	+	1	1		+	
	八、鲉形目 SCORPAENIFORMES						
	（十二）杜父鱼科 Cottidae						
67	黑龙江中杜父鱼 *Mesocottus haitej*	+	1	4		+	+
68	杂色杜父鱼 *Cottus poecilopus*	+	1	4		+	
	九、鲈形目 PERCIFORMES						
	（十三）鮨科 Serranidae						
69	鳜 *Siniperca chuatsi*	+	1	5		+	+
	（十四）鲈科 Percidae						
70	河鲈 *Perca fluviatilis*	+	1			+	+
	（十五）塘鳢科 Eleotridae						
71	葛氏鲈塘鳢 *Perccottus glenii*	+++	1	6		+	+
72	黄黝鱼 *Hypseleotris swinhonis*	+	1	6			+
	（十六）鳢科 Channidae						
73	乌鳢 *Channa argus*	++	1	6		+	+

注：1. 肉食性鱼类；2. 植食性鱼类；3. 杂食性鱼类。

+++. 优势种；++. 常见种；+. 稀有种。

1. 上第三纪区系群；2. 北极淡水区系类群；3. 北方平原区系类群；4. 北方山区区系类群；5. 江河平原区系类群；6. 亚热带平原区区系类群。